商管叢書 全華圖書 BUSINESS MANAGEMENT

品質管理 第2版

永續經營實務 Quality Management Business Continuity Practices

徐肇聰、吳嘉興 編著

二版序

　　本書能夠再版，要感謝老師的採用與學員的購買。代表這樣的品質管理實務經驗分享，對於要進入職場擔任品質工作學子，提供適當的啓發與協助。有別於市面上品質管理書籍作者，將寶貴的研究知識、觀念與管理手法編整付梓，個人以來自職場的實務經驗撰寫，有助於學員增加職場應用品質專業知識的概念。因日後絕大部分的學子要進入職場，是否學習到進入職場應有的基礎技能？是否能夠養成品管人員的特質？是自己考量的要點。

　　再版的過程以能夠於職場上應用的工具書爲主軸，重新檢討學習要點、關鍵字、品質面面觀、實務小專欄、品質大視界、課後習題、案例影片內容，改寫與增加最新內容，整理出 12 個章節內容提供學員閱讀吸收。內容以品質管理實務、品質意識的建立、管理系統的導入、六標準差與精實管理、品保相關法規的掌握、永續經營實務爲架構，這些與品管工作相關的內容提供教學使用及實務上的應用參照。個人在撰寫書籍時除了站在學子角度去思考外，全華出版社編輯群也提供很多很好的建議，讓書籍的章節編排、美術編輯、學習效果考量上，都能呈現出良好的水準。

　　從 80 年代全面品質管理活動展開與 90 年代六標準差的興起，品質管理的演進越趨成熟。站在學術角度包括從流程管理、統計、分析、改善、矯正，都是經過品質大師引導與時間淬煉才有的專業知識，從工作的應用來看臺灣市場環境爲出口導向，加上消費者品質意識抬頭的情況下，對於提供產品品質與服務品質的要求越發提升。雖說品質的良窳並不僅只是品管人員的責任，但相信其中確實扮演淺移默化的影響角色。品管人員是否能夠具備有專業品質技能擔任好「裁判」角色，進而「影響」到企業組織同仁具有相同的品質意識與作業態度是重要的。

　　而本書在品質管理的學術研究內容上仍有不足，學界的專家與先進還不吝賜教。在品管實務經驗上，也有賴不同產業的老手與師傅給予反饋。最後仍期許這樣的品質管理實務經驗分享，能對於未來要進入職場擔任品質工作學子，提供良好的啓發與協助。

徐肇聰 謹識

2020年5月

序

　　從品質管理上的演進與品質大師的教導，對於品質的管制與保證提供良好手法與工具的應用。包括從流程管理、統計、分析、改善、矯正，都是經過時間淬煉才有的專業知識。包括 80 年代全面品質管理活動展開與 90 年代六標準差的興起，在品質管理上更是不斷的演進達成更好的目的。而在以專業代工為主的臺灣市場環境，加上消費者品質意識抬頭的情況下，對於提供產品品質與服務品質的要求越發提升。雖說品質的良窳並不僅只是品管人員的責任，但相信其中確實扮演淺移默化的影響角色。品管人員是否能夠具備有專業品質技能擔任好「裁判」角色，進而「影響」到企業組織同仁具有相同的品質意識與作業態度是重要的。

　　在市面上品質管理書籍作者，提供很多寶貴的研究知識、觀念與管理手法的內容與教材，確實對莘莘學子的培養付出心力。但個人有感於日後絕大部分的學子要進入職場，是否學習到進入職場應有的基礎技能？是否能夠養成品管人員的特質？是需要考量的要點。個人以來自職場的實務經驗的內容分享，將有助於學員增加職場應用品質知識的概念。本書以能夠於職場上應用的工具書為主軸，整理出 11 個章節內容提供學員閱讀吸收。內容以品質管理實務、品質意識的建立、管理系統的導入、品保相關法規的掌握、永續經營實務為架構，這些與品質工作相關的內容提供教學使用及實務上的應用參照。

　　個人從一開始希望以實務分享進行書籍出版，至最終書籍的完成，整個過程讓我不由得敬佩學界先進的付出。從書籍的主軸、章節編排、資料收集、經驗整理、內容撰寫，這其中的時間與精力可謂不少。如何能夠成為一本有助於學習的專業書籍，背後要考量的要點是非常多的。個人在撰寫書籍時除了站在學子角度去思考外，全華出版社編輯群也提供很多很好的建議。從學習要點、關鍵字、品質面面觀、實務小專欄、品質大視界、課後習題、案例影片，讓書籍內容更為豐富也有助於學習吸收。而本書在品質管理的學術研究內容上仍有不足，學界的專家與先進還不吝賜教。最後仍期許這樣的品質管理實務經驗分享，能對於要進入職場擔任品質工作學子，提供良好的啟發與協助。

徐肇聰 謹識
2017 年 4 月

目　錄

目 錄

CONTENT

目　錄

Chapter 1

品質管理實務導論

學習要點

1. 了解產品品質管理的起源。
2. 了解衡量品質的方式。
3. 了解品質管理手法的應用。
4. 學習如何應用關鍵品質指標，掌握產品品質。

 關鍵字：TQC、TQM、P-D-C-A 管理循環、品質成本

品質面面觀

戴明的管理方法

　　一九八○年，距戴明首度教導日本人的三十年後，他的祖國終於「發現」他。NBC 的紀錄片「日本能，我們為什麼不能？」，讓寂寞的戴明，一夜間竄為全美知名人物。

　　戴明幫遭逢日本產品壓境的美國企業，脫胎換骨。影片播出時，正遇上經營麻煩的福特汽車，馬上請來戴明當顧問。

　　在戴明嚴格驅策下，福特改變原本評估績效的方法。福特舊有的評鑑制度分為十級，卻只造成內部過度競爭、重視短期成效。新制度只有三級：在管制範圍內和在管制範圍外較好的、較壞的。為了品質，福特也開始在夏天關廠兩週。雖然這意味著十至二十萬輛汽車的損失，但在休假季節找未經訓練的臨時工充數，品質同樣受害。

　　急思突破的福特，更邀請主要供應商的主管，前來參加戴明研討會。根據戴明原則，福特的檢驗人員開始和供應商攜手，合力改善品質。

　　但影響最大的，不在引進戴明的管理方法，而是福特從上到下對品質的支持。這也是戴明堅持的必要條件。五年後，福特果然不負期待。售後維修的次數，降低了 45％；在美國汽車市場佔有率，也提升為 19.5％，創五年來新高。「關心顧客，知道他需要什麼而做出超過他期望的東西，才是真正的品質。」戴明的品質管理，提供陷入升級困境的臺灣企業，最好的參考。

資料來源：摘錄自天下雜誌 195 期 2012 年 06 月

解說

　　一套好的管理手法不會因為時代演進而失去其精神，而「品質」更是支持企業組織獲利的基本要素。管理大師戴明博士，其個人對於品質的堅持值得我們學習。細數不同的管理大師所提出的管理手法，都有其重要的精神及良好的應用之處。也唯有相信管理手法可帶來的預期效益，才有可能會去落實使用，也才能夠堅信時間會反映出成效。

個案問題討論

1. 從「戴明的管理方法」一文，你覺得美國福特汽車未引進戴明的管理方法前，存在哪些現況問題？

2. 對於美國福特汽車引進戴明的管理方法，你認為改變了哪些東西？

前言

　　品質管理一直是企業組織的重要課題。而良好品質管理反映出好的產品品質與獲利，反之則是在品質管理上大量成本支出卻不見成效。既然要對品質進行管理，首先則是需要了解品質與品質管理的演進，獲取寶貴的經驗。充分管理手法的應用，達成事半功倍的成效。要以「讓數據說話」的作法，讓品質指標反饋品質管理上的結果，持續改善精益求精。

 ## 品質管理實務

　　「品質」二字以說文解字來看其實頗有意義與表徵。「品」字是 3 個口字的組合，有眾人之口的意思，而「質」字有斤斤計較且願意花錢（貝：古代貨幣單位）購買的涵義。所以「品質」可以說是眾人願意花錢去買、齊聲說好，呈現產品價值的名詞。雖說是趣味的解字聯想，但也是反應出消費者購買產品所重視的地方。既然提到產品品質，首先就讓我們先了解產品的範圍。國際標準組織 ISO（International Organization for Standardization, ISO）在 ISO8402：1994 品質管理與品質管制標準（Quality Management and Quality Assurance-Vocabulary）將產品區分成有形的硬體、加工材料與無形的軟體、服務四種分類。將產品做明確的定義，不管是有形的或是無形的產品類型，都屬於產品的範疇，甚至也將容易被忽略的服務這項無形產品都予以明定。而產品品質的優劣，則由品質管理是否有落實看出。對於產品品質管理的起源，我們可以從品管大師費根堡（Armand V. Feigenbaum）於 1951 年提出的 TQC 全面品質管制一書看出，共將品質作業區分成五個階段。於 1900 年起對於品質管制約每 20 年週期，就發展出新的管理作法。加上後期像克勞斯比、戴明與裘蘭這些品質大師所提出的論述，品質已經走到全面品質管理（Total Quality Management, TQM）這第六個階段。

第一階段（西元～ 1900）：操作員品質

　　1900 以前，品質是靠檢驗出來。該時期是手工藝製造階段，由生產的工匠包辦了設計、原材的選用、生產製造、成品檢驗。主要是產品類型簡單、產出的數量少，透過工匠自身的檢查來確認產品品質。

第二階段（西元 1900 ～ 1920）：領班品質

　　1900 ～ 1920 年，品質還是靠檢驗出來。該時期因應需求的提高，開始有工匠與學徒組成進行生產。同時設有領班的角色，除了領導整體生產過程也負責檢查產品品質。

第三階段（西元 1920 ～ 1940）：檢驗員品質

1920 ～ 1940 年，品質仍是靠檢驗出來。該時期適逢第一次世界大戰期間生產與產量的遽增，負責生產的作業員人數也增加。此時的領班要負責的生產事務相對增多也更為複雜，而開始有專職的檢驗員負責檢查產品品質。

第四階段（西元 1940 ～ 1960）：統計品質

1940 ～ 1960 年，品質靠統計出來。專職的檢驗員負責檢查產品品質，並且人數逐漸增加。透過抽樣檢驗與管制圖監控作法，落實於生產作業上並矯正異常。同時於該階段日本企業開始吸收來自美國品管大師的統計手法與應用方法，日本企業對於品質要求開始於世界嶄露頭角。

第五階段（西元 1960 ～ 1980）：設計品質

1960 ～ 1980 年，品質仰賴設計出來。從後段的矯正異常，調整到源頭的設計異常預防。用以降低生產成本並提高產品品質是終極目標，透過研發後的有效設計驗證，於初期就能有效的管制。同一時期日本的經濟發展也開始超越美國，讓美國企業主主動拜訪日本去了解日本產品如何在品質上能夠超越美國，同時全面品質管制（Total Quality Control, TQC）於這階段也越發重視。

第六階段（西元 1980 ～現今）：管理品質

1980 ～現今，品質靠管理出來。以全面品質管制（TQC）架構為基礎，發展出全面品質管理（TQM）。包括統計製程管制（Statistical Process Control, SPC）、實驗設計法（Design of Experiments, DOE）、PDCA 管理循環（Plan、Do、Check、Action, PDCA）等，相關的改善觀念更為落實。同時於 1984 年 ISO9000 系列的品質管理系統標準被提出，以「說、寫、做一致」的管理精神所制定的標準。透過系統化的管理，落實品質管理。透過品質管理階段表（表 1-1），更為清楚品質管理的演進。

表 1-1 品質管理階段表

階段	時期	品質作業	觀念
第一階段 操作員品質	西元 1900 以前	屬於個手工藝製造階段，透過工匠檢查產品品質	品質靠檢驗出來
第二階段 領班品質	西元 1900 ～ 1920	工匠與學徒組成由領班領導生產，透過領班檢查產品品質	品質靠檢驗出來

表 1-1 （續）

階段	時期	品質作業	觀念
第三階段 檢驗員品質	西元 1920 ～ 1940	第一次世界大戰後產品需求增加且生產複雜化，透過檢驗員檢查產品品質	品質靠 檢驗出來
第四階段 統計品質	西元 1940 ～ 1960	將品檢工作從製程獨立出來，透過抽樣檢驗與管制圖監控，矯正異常處理	品質靠 製造出來
第五階段 設計品質	西元 1960 ～ 1980	建立品質保證制度，包括進料管制至設計品質管制，預防異常發生，進行全面品質管制	品質靠 設計出來
第六階段 管理品質	西元 1980 ～現今	以 TQC 架構為基礎，加上克勞斯比、戴明與裘蘭的論述，發展出 TQM	品質靠 管理出來

▶ 1-1-1　品質衡量

就算有良好的品質管理，這些眾人齊聲說好的產品又如何衡量品質？如何區分高下並且設定好的產品售價？在 ISO9000：2005 品質管理系統—基礎和術語（Quality Management Systems － Fundamentals and Vocabulary）之 3.1Terms relating to quality 中定義，品質是一組故有的特性是否滿足要求。如果提供的特性符合要求，代表良好或卓越之品質。若無法提供所需的特性，則代表差或低水準的品質。所以我們可以將產品的品質水準達到客戶要求的程度做個比較，更能進一步了解品質背後所代表的涵義。

$$Q = Qpl - Qcl$$

Q：Product Quality 產品品質

Qpl：Product Quality Level 產品品質水準

Qcl：Customer Quality Level 客戶品質需求水準

產品品質＝產品品質水準與客戶品質需求水準的差

Q＝正數，表示產品品質水準超出客戶品質需求水準。提供高品質的產品給客戶，能夠獲得高客戶滿意度的回饋。另一方面也表示投入相對的成本去確保品質，無法有效掌握研發與生產成本，當然也會降低獲利。當然以企業來說有時候需要策略性的提供高品質的產品給消費者，就算是不敷成本也能階段性贏得消費者對於品牌的認知與忠誠度。但長期來說企業存在的目的還是獲利，還是需有效掌握研發與生產成本，提供消費者需要的產品（圖 1-1）。

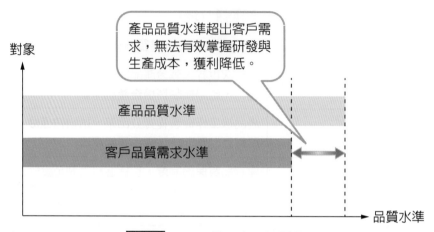

圖 1-1 Q ＝正數：產品品質圖

　　Q ＝負數，表示產品品質水準無法滿足客戶品質需求水準。此種情況下，客戶會要求產品品質需進行改善，進一步可能無法允收該產品並進行退貨。短期會負擔產品品質成本的損失，長期則是影響客戶再次下單的意願與商譽（圖 1-2）。

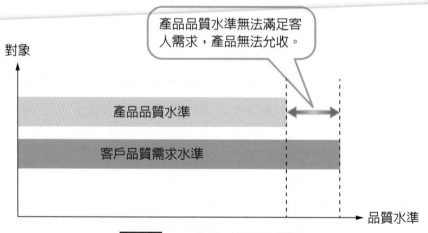

圖 1-2 Q ＝負數：產品品質圖

　　當 Q ＝ 0，表示產品品質水準與客戶品質需求水準一致。在有效研發、生產成本管控下，生產的產品品質水準允合客戶對於產品品質水準的要求。能夠達到客戶對於產品的允收與滿意度，企業也能夠獲利（圖 1-3）。

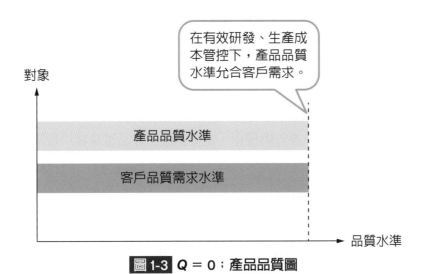

在有效研發、生產成本管控下，產品品質水準允合客戶需求。

圖 1-3 *Q* = 0：產品品質圖

　　客戶對於產品品質的需求又包括哪些？我們可以從美國學者嘉文（Garvin）於 1987 年提出衡量產品的八個構面來了解。

1. 性能（Performance）：性能是產品提供的功能特性，是否達成原設計的目的。
2. 特色（Features）：特色是在產品提供的功能之外，另外具備的特性。
3. 可靠度（Reliability）：可靠度是指產品在一定的期間內，發生產品失效的機率。
4. 符合性（Conformance）：符合性是產品的設計和使用特性上，能夠符合認定標準的能力。
5. 耐久性（Durability）：耐久性是用來衡量產品的使用壽命長短。
6. 服務性（Serviceability）：服務性是評比服務優劣的程度。
7. 美感（Aesthetics）：美感是指產品帶給消費者感官的程度。
8. 感知品質（Perceived Quality）：感知品質是消費者對於既定的品牌的產品，存在的既定印象程度。

　　這些不管是可以衡量的計量值（Variable）品質，或是確認規格符合的計數值（Attribute）的品質，都是良好的指標。提供企業對於客戶品質上認知的了解，進而制定公司的品質策略方向。然而「規格之滿足」現在只能說是品質上之基本要求，在消費者品質意識抬頭後，市場要求的多樣化、高度化及市場上競爭者的挑戰下，品質的要求已是以消費者需求為主。被提出的要件包括如下：

1. 市場品質：調查與分析市場的顯著與潛在需求，並加以掌握。
2. 設計品質：將消費者所要求的品質變換成品質特性，並具有製品規格者稱為「設計品質」或是「目標品質」。

3. 在製造階段中實現符合規格的「適合品質」。

4. 不只要生產沒有不良且功能正常的「當然品質」產品,還要製造「魅力品質」。具備高競爭力且高客戶滿意的產品。

　　這即是隨著科技的發展技術不斷的精進下,消費者在品質的要求上也是逐年增加。也唯有企業不斷在品質管理上改善與優化,才能製造出好品質且客戶買單的產品與服務。

品質管理手法

　　透過良好管理生產良好品質產品,確實是有脈絡可循的。而好的管理手法是不斷精進且不會過時的,從 80 年代的 TQM、90 年代 Six Sigma 的興起,都是世界級品質大師寶貴的研究經驗累積,帶給我們絕對受用的品質管理哲學。

⊙ 1-2-1　管制圖的應用

　　美國蕭華特(W.A. Shewhart)博士,被人們稱作統計品質管制之父。他於 1924 年創造出統計假設檢定之圖形表示法,稱為管制圖(圖 1-4)。將此法應用於生產製程之中,用來監視品質特性的量測值隨著時間產生變化的情形。確認科歸咎原因進行預防,並估計製程參數、決定製程能力與製程所需要的資訊。在生產製程上的運用,預防了產品品質的下降達成管理的目標。

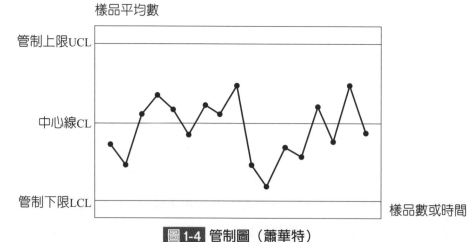

圖 1-4 管制圖(蕭華特)

⊙ 1-2-2　持續改善

　　美國戴明(W. Edwards Deming)博士的 (1)P-D-C-A 管理循環;(2) 七項致命的惡疾;(3) 管理上的十四要點,至今仍為企業對於品質管理上所運用。

一、P-D-C-A 管理循環

管理循環是持續改善的良好工具，觸發改善的行為也要於改善後落實（圖 1-5）。

1. 計劃（Plan）：依據方針策略決定要達成的目標以及決定達成該目標所需採取的方法。
2. 執行（Do）：依照計劃（採取方法）進行作業，並於過程收集資料與數據。
3. 查核（Check）：對於所收集到的資料與數據與原定計劃進行比對，採取統計圖表方式了解預期差距與進行判定。
4. 行動（Action）：根據判定結果研擬改善對策，並持續對於改善對策之跟進，已確認之改善作法予以標準化。

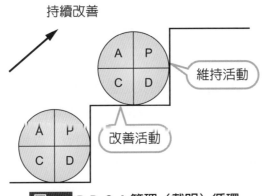

圖1-5 P-D-C-A 管理（戴明）循環

二、七項致命的惡疾

管理過程的不當造成是資源浪費，進一步往往是龐大無法估算的損失。唯有認識各種惡疾並徹底解決，並建立有效的管理制度，才是根本作法。七項致命惡疾如下說明：

1. 缺乏恆久不變的目標：企業組織只重視短期目標的達成，缺乏永續經營的長遠目標，無法提出長遠計畫與行動方案。
2. 重視短程利潤：著重產品出貨的近利，無長程競爭性產品。
3. 實施績效評鑑、評定考績、進行年度考核：績效考核造成員工只以個人目標達成為首要，而不是以團隊合作任務達成為主。都以個人的短期績效為考量，影響工作效率與品質降低。
4. 管理階層流動頻繁：管理階層的異動直接影響是持續改善與長遠變革無法有效永續。
5. 僅依看得見的數字經營公司：依可見的數字目標進行公司經營，甚至設定遙不可及的假象目標，是管理上的迷失。
6. 過度的醫療成本：對於員工醫療成本過度投入，造成企業龐大負擔。
7. 過度的責任成本：對於符合主管機關法令法規的要求過度投入，造成企業龐大負擔。

三、管理上的十四要點

戴明博士提出十四項的管理要點，提供全面品質管理重要參照，如下說明：

1. 建立恆久目標，以利持續改善產品與服務：企業組織需制定長遠發展目標，將改進產品和服務作為恆久的目的。

2. 採取新的哲學：吸取新的管理哲學，對於作業與服務進行管理。

3. 停止倚賴大量的檢驗：品質不是靠檢驗出來，應停止高成本支出的檢驗。

4. 不再僅以價格為採購之考量標準：對於採買作業不以價低者得，而是以品質為依歸。

5. 持續不斷的改善生產與服務系統：對於企業組織內部產品研發、製造、服務等內部作業流程持續改善減少不必要浪費與品質提升。

6. 實施訓練：制定訓練計劃，並統計追蹤衡量培訓成效。

7. 實施督導：督導人員回報管理階層知悉需改善處，指示須採取之行動。

8. 排除恐懼：提供同仁勇於提問、發問與表達意見工作環境。

9. 撤除部門藩籬：打破自掃門前雪的部門藩籬，發揮團隊合作精神。

10. 避免對員工喊口號、說教或設定工作目標：認為口號、說教或設定工作目標能夠激發員工效率的想法要予以避免，易造成員工反感。

11. 消除數量配額：將管理著重於數量配額，會犧牲品質。

12. 排除阻礙員工求取工作榮耀的因素：對於影響員工工作表現與榮耀的因素，應排除與告知。

13. 實施嚴謹的訓練與再訓練計劃：因應持續的改善所制定的標準化作法，都要對於員工進行訓練或再訓練。

14. 採取行動，完成轉型：採取管理上行動方案，提升能力進行轉型。

▶ 1-2-3　品質改善步驟

美國克勞斯比（Philip B. Crosby）也是品質領域上的專家，帶給我們不少的良好品質觀念。包括：(1) 四大定律；(2) 零缺點計劃；(3) 品質改善十四步驟等都為品質管理上定義了準則。

一、四大定律

對於改進品質的管理，四個基本觀念，如下說明：

1. 品質的定義是達成需求：品質於各階段都予定義清楚，並達成。

2. 品質是起源於預防：對於作業程序的熟悉，將會影響品質的因子進行預防管理。

3. 績效標準是零缺點：強調第一次就將事情做對，績效的達成是以零缺點為目標。

4. 依據產品不符合需求的影響來衡量品質：進行品質衡量要依產品不符合客戶需求的相關指標進行確認。

二、零缺點計劃

依據第一次就將事情做對的觀念，消除不必要的缺點，以達成零缺點的最終目標。制定短期／長期目標不斷修訂與精進，進一步降低缺點甚至達成零缺點。著重於事先預防缺點的發生，強調員工的管理與激勵。

三、品質改善十四步驟

對於改進品質的管理，可依循十四個步驟進行展開，如下說明：

1. 管理階層的承諾：公司對於品質與改善的重視，應宣達給所有員工知悉。

2. 成立品質改善小組：公司應成立品質改善小組，推動改善的進行及成效達成。

3. 設定標準：設定品質衡量標準。

4. 了解品質的成本：需掌握對於品質管理上所投注的成本。

5. 對品質的警覺心：傳達及培訓員工對於品質有高度警覺心。

6. 修正的動作：採取統計與分析進行品質問題確認，採取消除品質問題的改善對策。

7. 設計零缺失的行動：對於產品及服務設計零缺點的行動方案。

8. 員工的教育：對於員工教育訓練，灌輸零缺點產品及服務的重要性。

9. 快樂零缺失日：設定零缺點日，讓員工能夠對於維持零缺點日目標達成付出努力。

10. 設定目標：設定階段目標，並持續朝零缺失目標邁進。

11. 消除造成錯誤的因素：帶領員工對於影響品質的錯誤因素予以消除。

12. 選出品質改善的榜樣：週期性選出品質改善良好的員工，讓同仁有學習的榜樣。

13. 建立品質委員會：由員工組成品質委員會，推行品質改善。

14. 重複從頭做起：改善活動是持續的，不斷重新進行改善方案。

▶ 1-2-4 品質三部曲

美國裘蘭（Joseph M. Juran）博士，首先將柏拉圖引入在品質管理領域的應用。而最著名的還是品質三部曲的提出。

品質三部曲是將品質管理區分為三個步驟，如下說明：

1. 品質規劃：建立能夠滿足品質標準化的程序，包括：(1) 決定誰是顧客；(2) 決定顧客的需求；(3) 開發產品特性以符合顧客需求；(4) 研擬一套製程，製造所需的產品特性及能力；(5) 將規劃成果交付作業人員，是完整的規劃呈現。

2. 品質管制：掌握何時採取必要措施矯正品質問題，包括：(1) 評估實際上的品質績效表現；(2) 比較實際表現與品質目標；(3) 若有差異，則採取行動控制。

3. 品質改善：透過改善發掘更適合與有效的管理方式，包括：(1) 建立一套標準，使每年都能有所改善；(2) 找出需要改善的地方，提出改善專案；(3) 每一改善專案，成立一專案小組，負責此專案的成敗；(4) 提供資源、誘因與訓練給專案小組，要求他們找出原因、提出解決辦法、擬出控制方法以保持成果。

▶ 1-2-5 全面品質管制

美國費根堡（A. Feigenbaum）博士於 1951 年發行全面品質管制（Total Quality Control, TQC）著作，強調全員參與品質改善活動。提出三個步驟有效改善品質，如下說明：

1. 品質領導力：領導力是品質改善的驅動力。

2. 品質技術：使用統計學與機器相關改善技術。

3. 組織承諾：全員須致力於品質改善。

在研發的初期所投入的設計、新產品評估、品質工程、製程管制、訓練，是企業無法免除預防品質問題投入的成本。而為了確保產品功能正常運作所購置的儀器設備費用、檢測，是必要的評估成本花費。而對於生產過程所產生的重工、分析、報廢，則是應減少內部失敗的成本支出。而從公司以外所反饋回來的客戶抱怨、退貨、商譽損失，則是應該避免的龐大外部失敗成本的損失。對於企業來說如何師法這些專家學者的研究與經歷，不斷的檢討並與時俱進順應時代需要，設定為發展的目標是企業的重要課題。

並導入品質成本的觀念，將品質成本區分為：

1. 預防成本：為預防產品或服務發生缺陷所進行的各項活動的費用。

2. 評估成本：對產品或服務進行量測、評估或稽核，以確保符合標準及性能要求所需的費用。

3. 內部失敗成本：產品生產、發貨前、服務提供之前，發生於公司內部的各項費用。

4. 外部失敗成本：產品完工、發貨後、服務提供之後，發生於公司外部的各項費用。

▶ 1-2-6 品管活動與手法

日本石川馨（Kaoru Ishikawa）博士主要貢獻有全公司品質管制（Company Wide Quality Control，CWQC）與品管圈（Quality Control Circle，QCC）、顧客的範疇及特性要因圖（魚骨圖、石川馨圖），同時將品質定義為：「品質是一種能令使用者或消費者決定，並樂於花錢購買的特質。」

1. 全公司品質管制：全公司品質管制所追求的品質不僅是產品與服務品質，更應是呈現出良好的工作品質。全公司成員都要學習、參與及實施品質管制，並負起推行品質管制的責任。

2. 品管圈：由公司管理者與員工組成的小團體，自發性對於工作上的各種問題共同腦力激盪進行解決或改善。

3. 顧客的範疇：定義外部顧客為購買產品的客戶，內部顧客為公司內部的員工，下製程為上製程明確的客戶，每個員工都需要確保自己的作業品質，符合才可交給下一棒。

4. 特性要因圖：一種分析與解決問題的技巧，又稱為魚骨圖或石川馨圖。問題的產生是因受到一些因素的影響，透過腦力激盪法找出這些因素，並以特性值進行區分，找出關鍵的影響因子。

 ## 1-3 實務品質指標

品質管理的真髓在於科學的管理方法。在實行品管時需依據科學方法與根據採取行動，其最重要的精神是「以事實來進行決策」。也就是不憑經驗或個人觀感行事，而是依據數據資料與事實進行管理。豐富的經驗累積將有助於事實掌握，只要依據掌握事實步驟就能讓數據說話（圖 1-6）。

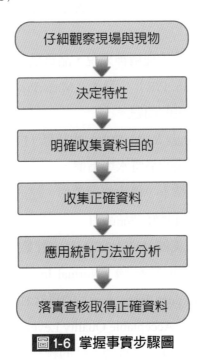

圖 1-6 掌握事實步驟圖

而在職場上品質上的管理成效，會以相關的品質指標來衡量。包括有外部品質指標與內部品質指標，指標特性說明如下：

一、外部品質指標

企業組織於公司外部會接受到與品質相關的指標項目如下：

1. 品質客訴：客戶對於所收到的產品，因為品質上的異常所做的訴願。區分像是剛收到時就發生的死機異常，而有 DOA（Dead of Arrival, DOA）與 Non-DOA（None Dead of Arrival, Non-DOA）的情況區分。而 DOA 對於品質管理上來說，是嚴重的漏洞，應於廠內就將問題攔阻住，不該將問題流出。

2. 客戶滿意度：透過滿意度調查來了解，顧客對於產品及服務需要改善的地方，可以用來提昇品質。雖說易因客戶對於新發生事件的深刻印象反映在滿意度評分上，而無法對於整體客戶滿意度提昇有所貢獻，但是花時間了解客戶滿意程度，仍是不可不去掌握的品質指標。

3. 產品退貨：顧客對於產品在規格、品質、標準、需求的差異而將產品退回，會造成需要進行新品換退貨品，或是重工，而衍生高額的成本損失。

二、內部品質指標

企業組織於公司內部如何掌握品質的相關指標項目如下：

1. 設計良率：以設計驗證的結果，來掌握設計品質。避免設計上重複失效的件數發生，做好源頭管理。

2. 生產良率：以豐田 TPS 系統的管理精神來說，品質是製造出來的。從包括試作（Trial-Run, T/R）、試產（Pilot-Run, P/R）、量產（Mass Production, M/P）的良率，掌握製造的品質，降低變異性所產生的問題。

3. 直通率：透過直通率（First Pass Yield, FPY）的計算（FPY ＝ P1×P2×P3×P4 ＝ N%）了解投入與產出每個工作階段的品質水準指標。

4. 作業效率：在滿足的品質水準下，優化作業效率，達成持續改善的目的。在講求作業效率的今日，不是做得慢才有良好產品品質。

5. 抽樣良率：業界一般採用美國 ANSI/ASQ Z1.4 計數值抽樣檢驗，依據抽樣檢驗樣本大小代字表以及選用正常檢驗（Normal Inspection）、加嚴檢驗（Tightened Inspection）、減量檢驗（Reduce Inspection）的單次抽樣計劃表進行抽樣作業，抽樣的良率需滿足合格品質水準（Acceptable Quality Levels, AQL）。

企業組織可依據每時數、每日、每月週期性的統計，以及每季、每半年、每年進行趨勢分析（圖 1-7），了解產業特性所設定的品質指標（表 1-2）的達成情況。

2019	Jan	Feb	Mar	Apr	May	Jun	Jul	Aug	Sep	Oct	Nov	Dec
每月目標	≦2.00%	≦2.00%	≦2.00%	≦1.50%	≦1.50%	≦1.50%	≦1.00%	≦1.00%	≦1.00%	≦0.50%	≦0.50%	≦0.50%
每月狀態	1.50%	1.46%	1.51%	0.90%	1.99%	1.10%	0.90%	0.70%	0.72%	0.69%	0.51%	0.77%

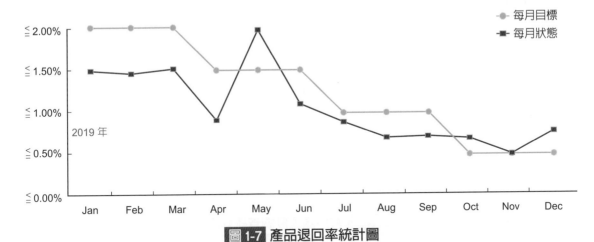

圖 1-7 產品退回率統計圖

表 1-2 實務品質指標表

品質政策	方案	目標值	單位	負責人
1. 全員參與，第一次就把品質做好	設計重複失效發生件數	月＝0件	設計	XXX
	內部品質稽核發生問題件數	月＝0件	品保	XXX
	T/R 抽樣通過比率	月≧99%	製程品保	XXX
	T/R 良率達成率	Q1：97% Q2：98% Q3：99% Q4：99%	製造	XXX
2. 持續不斷的檢討改善，優化生產能力	提昇量產良率	BU1 產品 FPY Yield Rate＞98%	製造	XXX
		BU2 產品 FPY Yield Rate＞98%		XXX
		BU3 產品 FPY Yield Rate＞99%		XXX
	測試時間縮短率	Q1：1% Q2：2% Q3：3% Q4：4%	測試	XXX
3. 生產客戶需要及高滿意度產品	品質客訴件數	DOA ≦ 20 件 / 年	品保	XXX
		Non DOA ≦ 30 件 / 年	品保	XXX
	提高客戶滿意度分數	年 >85 分	業務	XXX
	退貨率比率（Return Rate）	月≦1%	品保	XXX

　　包括客戶滿意度調查與分析，是反饋固定期間客戶在 (1) 交期效率；(2) 品質效能；(3) 工程能力；(4) 客戶服務；(5) 法規符合等構面的表現（表 1-3）。而對於特性品質指標的統計，除了要掌握關鍵指標之外更要明訂統計準則，避免統計到錯誤及不具價值的資料或是統計方式錯誤，而讓資料不具分析價值造成資料庫堆積垃圾資料，這就是所謂的「垃圾進、垃圾出」（Garbage In Garbage Out, GIGO）。例如：客戶滿意度的調查很容易因為調查期間發生的品質問題，而產生對於產品品質有最新又最差的品質印象。而會於調查的期間給予較差的負評，產生所謂的月暈效應（Halo Effect）。而呈現出當企業表現不好時，客戶所認知差勁的程度會遠大於企業平時的表現程度情況。此時就需進一步與客戶溝通了解，再判斷資料是否能夠提供進一步分析使用，依據不同條件的分析將是持續改善重要的參考（圖 1-8）（圖 1-9）。

表 1-3 客戶滿意度調查統計表

滿意度項目	2019 年目標值	BU1	BU2	BU3
交期效率	85	86	80	81
品質效能	85	79	87	80
工程能力	85	88	86	86
客戶服務	85	84	88	90
法規符合	85	88	91	90

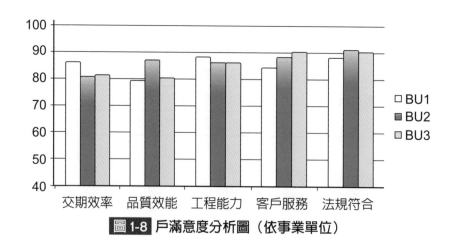

圖 1-8 戶滿意度分析圖（依事業單位）

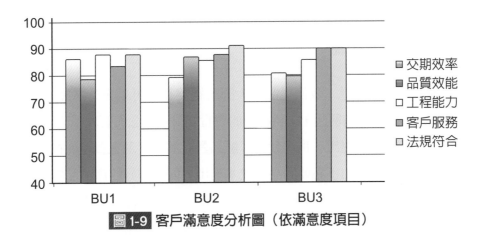

圖 1-9 客戶滿意度分析圖（依滿意度項目）

實務小專欄

在品質管理中實務品質指標是重要的。從 (1) 品質客訴；(2) 客戶滿意度；(3) 產品退貨都是直接反映客戶感受，對於產品品質或相關的範疇執行未臻完善的回饋。雖有人說厲害的業務人員不管拿到甚麼樣差的產品，都有辦法銷售出去，那樣的業務才是成功的。但從上述外部品質指標的影響，很多都是直接影響訂單與商譽。就算是厲害的業務人員取得本次的客戶訂單，之後都有可能造成客戶轉單。

而 (1) 設計良率；(2) 生產良率；(3) 直通率 (4) 作業效率；(5) 抽樣良率的內部品質指標，都將是公司組織核心競爭力的一環。尤其在消費者意識抬頭下，價低質優才是好的產品，產品品質是否能成為競爭力也是考驗製造商。故在實務運行上透過原始資料的收集與統計，進而分析與異常的排除，目的都是掌握品質與管理。對於原始資料量龐大的公司的來說，更會搭配像 PLM、MES、ERP 系統進行統計分析。幫助管理者掌握數據，才能真實呈現品質能力。

不管是內部或是外部指標，都會是公司組織取得標案或是客戶評鑑的重要權重項目。公司組織採用哪些品質指標，可依據公司類型或客戶群需求進行設定與調整。而每年應設定新的或挑戰的品質指標，才可精益求精避免不進則退的影響。

章節結論

　　品質管理的觀念與演進，我們從品質大師的經驗教導可以充分掌握。從 80 年代的 TQM、90 年代 Six Sigma 的興起，提供很多的寶貴知識、觀念與管理手法。

　　從品質成本的觀念的提出，也讓我們了解到對於品質管理上費用的投入所費不貲。然而不好的品質管理會增加不必要的品質成本支出，同時不好的產品品質會造成企業組織的損失。而品質管理的真髓在於科學的管理方法。在實行品管時需依據科學方法與根據採取行動，其最重要的精神是「以事實來進行決策」。企業組織如何依據特性選定品質指標進行衡量管理品質，就是企業不可忽視的重要課題。

品質大視界

日企醜聞連環爆「日本製造」神話崩壞？

　　很多消費喜歡選購日本商品，無非是相信「日本製造」的標籤等同高品質的保證，但近年來，從奧林巴斯與東芝財報灌水、三菱汽車爆發油耗測試造假，到上周神戶製鋼竄改品管數據等，日本企業接二連三爆發造假風波，像「神主牌」一樣被消費者吹捧的「made in Japan」，會愈來愈經不起現實的考驗而跌落神壇？

　　外媒報導，日本第 3 大鋼鐵製造商神戶製鋼的產品強度與品質數據造假，從原先受害約 200 多家日企，擴大到中、日、韓等約 500 多家企業，包括通用汽車、特斯拉、波音等大企業也中標。早在 2006 年，神戶製鋼旗下兩家製鐵廠就被揪出竄改數據，將工廠排放的超標空污偽造成達標。神鋼每次造假被抓包都承諾會改善，但屢次再犯，專家認為，除了公司本身的問題外，也曝露日本企業管理上的大漏洞。

　　神鋼醜聞僅是近年來日企一連串負面新聞的最新一例。今年 4 月還發生由高田製造的瑕疵安全氣囊爆裂，造成全球第 19 起死亡，而迫使高田不堪百億美元的債務壓力而聲請破產；此外，去年三菱汽車也因竄改油耗測試數據而賠上聲譽，日產汽車日前宣布召回 116 萬車，原因是安檢不夠確實。路透專欄作家韋伯（Quentin Webb）撰文指出，日本企業不斷出包登上媒體的次數多到讓人驚嚇，爆發如此不光彩的醜事，無疑是送給南韓、中國等競爭對手國的意外禮物。

　　他認為，日企正承受改善獲利能力的強大壓力，因此很容易把一連串欺詐和不當行為，歸因於為了衝刺營收表現而造成疏失，顯然東芝就是掉入此泥淖中。

　　韋伯建議日企亟需打造健康的企業文化，包括，絕不容許自欺欺人；建立嚴密的內部控制制度，避免長久以來的弊端無人察覺；重視舉報問題的檢舉人；萬一公司出事，高層主管應下台負責。

資料來源：摘錄自中時電子報 2017 年 10 月

👤 解說

　　講到日本產品品質，相信很多人會豎起大拇指說好。其中所付出的時間與心力，可想而知是龐大的，但為講求具價格競爭力的產品而不斷降低成本，卻也犧牲掉產品的品質。從日本各大企業因品質不佳所付出的品質成本損失的實例看來，品質仍是企業組織不變的基礎，也唯有品質才能支持產品銷售與商譽，進而增加消費者的購買意願與忠誠度。

⑦ 個案問題討論

1. 從日本各大企業品質出問題，呈現出哪些管理問題？

2. 從日本製品質下滑關鍵原因來看，有甚麼可以改善的做法？

章後習題

一、選擇題

(　　) 1. 品質是靠什麼獲得而來？　(A) 檢驗　(B) 管理　(C) 製造　(D) 設計。

(　　) 2. 何者不為管理循環的階段？　(A) People　(B) Do　(C) Check　(D) Action。

(　　) 3. 最終的消費者品質要求為何？　(A) 市場品質　(B) 設計品質　(C) 製造品質 (D) 魅力品質。

(　　) 4. 一般品質成本不包括　(A) 預計成本　(B) 評估成本　(C) 內部失敗成本　(D) 外 部失敗成本項目。

(　　) 5. 何者屬於大量生產　(A) Engineering Sample　(B) Trial-Run, T/R　(C) Pilot-Run, P/R　(D) Mass Production, M/P。

二、問答題

1. ISO 8402：1994 品質管理與品質管制標準，將產品分為幾大類？

2. 請說明品質作業區分成哪些階段，並簡述每個階段的管理作法？

3. 消費者依據個人對於產品品質上的需求 80%（Qcl）去進行購買，然而收到的產品品 質僅有 75%（Qpl），請計算產品品質並依據計算結果說明其代表含意？

4. 請簡述美國戴明（W. Edwards Deming）博士的 P-D-C-A 管理循環，並說明應用的時 機？

5. 請說明企業在管理上常出現的七項惡疾？

6. 請說明品質成本包括哪些？並說明哪些作業是應減少與避免的不必要品質成本的支 出？

7. 企業如何掌握實務品質，請說明可依循的步驟？

8. 請簡述企業一般採用的抽樣計劃，及其作業的內容？

9. 請簡述月暈效應及其影響？

10. 若要掌握產品生產品質，可掌握哪些品質指標？

1. 楊錦洲，《品質與策略》，中華民國品質學會。

2. 鄭春生，《品質管理 - 現代化觀念與實務應用》，全華圖書。

3. 簡聰海，《全面品質管理》，高立圖書。

4. 簡聰海 / 李永晃，《全面品質管理 - 含六個標準差》，高立圖書。

5. 楊錦洲，《管理工具手冊》，中華民國品質學會。

6. ISO 8402：1994 Quality Management and Quality Assurance-Vocabulary

7. ISO 9000：2005 Quality Management Systems-Fundamentals and Vocabulary

8. 細谷克也，《品管理念與推行要訣》，聯經出版事業公司。

9. MIL-STD-105E Sampling Procedures and Tables for Inspection by Attributes

10. 張漢宜，日本「品質神話」崩毀的教訓，天下雜誌 364 期

11. 林茂仁 / 黃啓菱，鼎泰豐　品質比賺錢重要，2008/02/29　經濟日報

12. Valarie A. Zeithaml, Leonard L. Berry and A. Parasuraman "Communication and Control Processes in the Delivery of Service Quality," Journal of Marketing, Vol. 52, No. 2 (Apr., 1988), pp. 35-48.

Chapter

2

品質觀念建立

學習要點

1. 品質觀念建立作法。
2. 落實日常作業所帶來的品質效益。
3. 5Why 與 8D Report 解析工具的應用。
4. 遇見品質隱憂，提案改善相助。

 關鍵字：品質意識、5S、5Why、8D Report、提案改善

品質面面觀

品質觀念的轉變帶來品質管理系統的改變

　　在我們學會有多位資深的品管先進，在他們數十年的從事品管的應用與研究的過程中，一定經歷了多種不同的品管手法或品質管制（理）系統的學習、使用與推廣。如果用心的分析，可發現到大約每隔二十年左右就有新的品管手法或管制（理）系統的出現，如早期的檢查品管、善用管制圖的統計品管、全面品質管制（TQC）到全面品質管理（TQM）。大致上來說，品質管理系統、運作實務與手法會隨著品管大師與先進之品質觀念的轉變而改變（Yang,2014）。而品管大師與先進之品質觀念是會跟著企業的經營環境的轉變而有所調整。在本文中作者參考了許多的論文及書籍，經過消化、分析及深思而提出有關品質觀念的轉變，及品管運作實務、手法與系統的改變之看法。

　　我們可以把早期的及八〇年代之後的品質觀念的轉變，及其品質管理的發展列表，如下表所示。

品質觀念的轉變帶來品質管理的發展
・ 檢驗品管（IQC：Inspection Quality Control），1930 　品質觀念：品質是適合於使用，是要符合產品的標準與規格
・ 製程品管（PQC：Process Quality Control），1930～ 　統計品管（SQC：Statistical Quality Control），1930～ 　品質觀念：產品在製造過程中就要控制好品質
・ 全面品管（TQC：Total Quality Control），1950～ 　品質觀念：品質就是產品必須要做到品質保證
・ 全公司品管（CWQC：Company-Wide Quality Control），1970～ 　品質觀念：顧客第一，全員參與及團隊合作；品質精進
・ 全面品質管理（TQM：Total Quality Management），1985～ 　品質觀念：顧客滿意；持續改善；良好品質文化
・ ISO-9000 品質管理系統，1987，1994，2000，2008，2015 　品質觀念：為顧客把關；國際適用的品質標準
・ Motorola Six-Sigma，1987～，GE Six-Sigma，1995～ 　品質觀念：品質就是在生產時品質要素的測量值變異小

　　進入到新世紀，最先引領風潮的是創新與 GE-Six Sigma，接著是 Lean Production（即豐田生產系統（Toyota Production System, TPS）），然後有學者專家就把 Six-Sigma 與 Lean production 相結合，而稱為 Lean Six-Sigma（LSS）。但是近年來 GE-Six Sigma 緊跟在 TQM 之後，也跟著退潮了，Lean Production 也已過了高峰期，而創新與卓越經營模式卻仍然受到企業界、政府部門及學術單位所重視。品質觀念的轉變確實會帶來品質管理運作實務及系統的改變，然而到目前為止，還看不出有何新的品質管理運作系統的出現。由於近年來的熱門話題是工業 4.0、人工智慧、機器人、無人工廠，而且是在逐步的實現，到時候目前廣泛應用於製造業的品管系統、工具與手法可能難以發揮。因為智能製造的設備或機器會自動蒐集生產線上的 data，蒐集的 data 會自動整理、分析、判斷、決策，然後機器會自動調整生產參數與條件。已無需在生產過程中進行抽樣、統計分析及畫管制圖。是否意謂不需要有品管系統與工具？完全不是，而是更需要前端的、先期的、預防的品質管理系統。品管工程師要有能力了解製程、設備機器，才能分析出製程與設備中的關鍵影響因素（Keyfactors），在這些關鍵影響因素上設定最佳參數或生產條件，以及有方法控制機器設備的穩定度與精確性。在工業 4.0 的環境下，品管工程師挑戰性更高。兩年前，本人已在這方面下工夫，希望不久的將來能有具體的研究結果。

資料來源：摘錄自品質月刊．54 卷 05 期 | 2018 年 05 月

解說

　　本文就品質觀念的轉變帶來品質發展的管理有完整時間軸上的詳述。過往在學者專家的努力下，品管系統與工具蓬勃發展。然而隨著工業 4.0、人工智慧、機器人、無人工廠，而且是在逐步的實現，過往的品管系統、工具與手法可能難以發揮。因為智能製造的設備或機器會協助蒐集的 data 自動整理、分析、判斷、決策。過往抽樣、統計分析及畫管制圖工具不是不適用，而是更需要前端的、先期的、預防的品質管理系統。意謂著需要有良好品質觀念並建立良好品質管理系統，維持應有的產品品質與客戶滿意度。

個案問題討論

1. 從《品質觀念的轉變帶來品質管理系統的改變》一文你看到哪些品質觀念建立的建議？
2. 如何建立良好品質觀念進而發展成公司良好文化，你有什麼看法？

前言

本章節說明良好品質觀念建立的作法與一般公司實際應用情況,讓讀者能夠了解在實務應用面來說,如何應用管理手法進而建立員工良好品質觀念與標準化作業流程。當良好品質觀念予以建立,自然而然對於品質的重視會養成習慣。對於作業上問題的追根究柢,並養成持續改善的良好認知。

 2-1 建立品質觀念與作法

很多時候常說在管理上最為困難的事為「人」的管理,而對於很多企業來說最重要的資產也是「人」。所以對於這又是最重要但又最難管理的重要資產,我們更是要花心思去將公司的理念與對於品質上的觀念做正確傳達,才能夠生產出良好品質的產品。如學者 Smircich(1983)提出對企業來說建立起共享的理念是重要的,因為能夠使企業的活動變成慣例,並且幫助企業員工形成一個生命共同體的感覺,因此能促進企業文化的形成與行動的進行。而良好企業文化能在品質觀念建立上注入「品質不良,人人有責」的正確心態。想像一下若是大家辛苦生產出來的產品因為品質問題被客戶退貨,那絕對不是品保單位單一問題。在職場上品質異常檢討會議上常聽到的對話如下:

RD 人員說到:「這次產品燒機問題,從燒毀狀況很簡單就可以看出是 C1 這顆電容爆開影響,就是進料品質有問題,請 QA 人員檢討。」

而品保人員回應:「我們都是依據零件承認書設定檢驗標準進行檢驗,進料抽樣檢驗且結果 Passed,我們合理懷疑設計電流過大造成一定比例的品質異常,請 RD 人員再次審查設計線路。」

這樣因應彼此的職掌與立場的衝突劇情,實際於職場的會議室上演著,缺少共同承擔的正確觀念。而對於品質觀念的建立,可由相關的制度、訓練、宣導、推行活動作為輸入的要素,進一步催化出良好品質觀念(圖 2-1)。

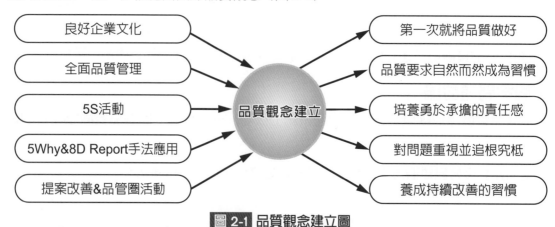

圖 2-1 品質觀念建立圖

正確的品質觀念要點包括下列六項：

1. 「品質不良，人人有責」的觀念與心態：要有當品質異常發生時，共同合作找出問題真因（Root Cause）及解決問題的短期／長期作法擬定，最終的問題再發防止與標準化的正確觀念。

2. 提供上工程本站的品質標準與要求：生產的作業都是一棒接著一棒，為滿足當站的品質要求，需要將明確的品質規格提供給上工程，這樣下工程才能夠收到符合規格的作業結果。

3. 掌握上下工程的作業狀況：下工程員工應確實掌握上工程的作業狀況，當有作業上的品質問題應立即反應。反之當上工程有作業變更應主動通知下工程，以便下工程立即調整作業確保滿足規格要求。

4. 掌握上下工程接收品質：上工程的產出就是下工程的輸入，其作業品質影響最終結果。當有不良發生時，應適時溝通處理。尤其對於嚴重問題，應採取相對應的必要措施，避免生產出大量的不良品。

5. 經常性將品質狀況回饋上工程：當下工程對上工程對交付品質進行檢驗，應經常性將結果進行反饋，以利上工程立即處理與持續改善。

6. 不本位、不推責：員工應具備生命共同體想法，協同大家的力量共同處理品質問題，找出問題真因（Root Cause）。絕對不是要找出問題對製造者予以責罵或記過處罰，因為這對品質改善是沒有實質幫助的。

有良好品質觀念的建立，上述 RD 與 QA 人員衝突的立場將會減少發生。但是一樣米養百樣人，在實務面上是無法完全避免立場衝突的情況發生。彼此就事論事的討論以公司組織最大利益為出發，較易達成共識去完成作業。尤其強調「後工程就是顧客」具備交給他人的必須是真正品質優良的東西的觀念進行工作。只憑一個人的力量是做不好工作的，必須和工作夥伴同心協力，才能創造出良好成果。只要常常站在前後段製程的角度思考，如此不但容易激發出重視度也會彼此互相幫助。

▶ 2-1-1 全面品質管理觀念

依據費根堡博士所提出的全面品質管理（TQM）範疇，是從產品研發生產至終止服務的整體產品週期。對於全面品質管理重要的基本觀念有以下六點：

1. 高階管理階層由上而下（Top–Down）支持：要求全公司於品質上的承諾，並提供必要的資源。

2. 品質管理應包括內外部顧客：內部員工自身品質的達成，外部顧客對於產品品質上的滿意。

3. 全員參與：企業全體員工，應對於品質活動進行參與。

4. 持續改善：對於製程、管理持續改善與精進。

5. 與供應商成爲密切夥伴：一般來說 70% 的品質問題來自原材料，與供應商建立良好夥伴關係，才能掌握好品質。

6. 建立內部稽核機制：對於生產作業的稽核，強化作業品質。

　　這樣全面品質管理的觀念，更是我們對於建立品質觀念時必要輸入的因素。同時良好品質的觀念是從日常工作環境做起，日本企業推動的 5S 活動是具體又實在的。簡述如下：

1. 整理（Seiri）：於工作現場，將東西區分爲需要與不需要。保留作業上所需要的，同時對於不需要的東西進行棄置。

2. 整頓（Seiton）：將需要的東西擺放定位。定位後應予標示，同時於用畢後歸還至原位。

3. 清掃（Seiso）：清除工作場所不需要的東西與垃圾。

4. 清潔（Seiketsu）：保持現場環境整潔美觀，落實整理、整頓、清掃之 3S 效果。

5. 修身（Shitsuke）：透過整理、整頓、清掃、清潔四項之活動，讓每一位同仁養成良好習慣。

　　而同時依據經濟部中小企業處編印的《日本 5S 手冊及檢核表》，在內容也提出了推行 5S 活動所帶來 5S 的效用。簡述如下：

1. 公司最佳的推銷員（Sales）：由於業務接洽，會安排客戶來工廠進行觀摩，保持良好 5S 的工作環境可直接贏得客戶的讚美。潔淨的工廠，將引起客戶下訂單的意願。

2. 降低成本的節儉家（Saving）：對於工作場所可能支出或浪費進行節省，對於工具、用品、原物料之控制與管理，直接縮短準備時間的耗費。

3. 貢獻安全的守護神（Safety）：對於工作場所可能的危險點之防制與警告，一目了然提醒員工注意。尤其走道應保持暢通，沒有過多的堆積阻擋。

4. 標準共識的推動者（Standardization）：建立標準讓員工正確地執行決議事項，讓任何事情均有軌跡可依循，保持品質、生產穩定。

5. 滿意職場的創造者（Satisfaction）：創造沒有異常與爭執的工作現場，保持組織氣氛的良好，讓工作現場是一個和樂的大家庭。

　　所以 5S 活動是企業管理上不可或缺的基本功及提升品質的有力工具，落實 5S 活動也才能讓員工自然而然養成良好作業習慣。對於企業永續經營來說，落實工廠的基本管理才能提升產品品質水準。

實務小專欄

公司組織在推動 5S 活動，很多會以營造工廠重視環境整潔的文化為優先。例如：以 5S 創意標語競賽、5S 活動海報競賽、5S 活動看板與公佈欄等，透過公開活動獎勵可增進員工參與意願也會做得更好。

另外是各單位 5S 活動評分競賽，更是能夠達成活動目的與品質意識增進。由各單位推派稽核員接受 5S 評核訓練，於評核期間至全公司組織進行評分。稽核員所屬的該單位不可自評，達成公平公正的評分標準。過程予以拍照記錄，更可以清楚知道做好與做不好地方，得以保持或改善。擇優進行頒獎或授予表現優良錦旗，而表現差者則可授予有待加強錦旗，可增進員工對於 5S 活動的重視。

◉ 2-1-2　問題解析觀念

應養成員工對於作業問題發生時，應有 5Why 分析的能力。對於問題能夠採取 5 個連續「為什麼」的問句，追究造成問題發生的真正原因。不一定受限詢問次數的多寡，而是要找到真因為止。例如：當設備無法運轉，也許不一定是設備本身的問題，經過追究真因的過程才發現原來是設備未加裝過濾器引起。養成對於問題的重視並培養追根究柢的態度（圖 2-2）。

1.Why：為什麼設備無法選擇

回答：因為超過負荷，保險絲燒斷

2.Why：為什麼設備會超過負荷

回答：因為軸承潤滑不足

3.Why：為什麼潤滑不足

回答：因為潤滑泵浦失靈

4.Why：為什麼潤滑泵浦會失靈

回答：因碎屑掉落造成泵浦軸心磨耗

5.Why：為什麼碎屑會掉落

回答：因為未裝過濾器避免碎屑掉落

對策：設備上加裝過濾器

圖 2-2　5Why 分析案例流程圖

　　企業要養成員工對於問題的解析與處理的正確觀念，採取的則是 8D（Eight Disciplines Problem Solving, 8D）問題解決作法（圖 2-3）。早在 1974 年美國國防部提出解決問題標準 MIL-STD 1520 Corrective Action and Disposition System for Nonconforming Material 採用團隊導向問題解決方式，共同消除問題提昇品質。這套 8D Report 流程同時被福特汽車公司所採用，至今於品管實務仍是廣被認同使用的（表 2-1）。

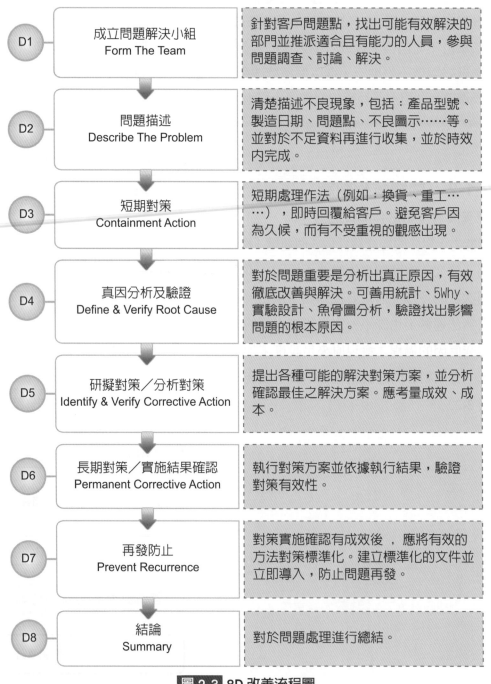

圖 2-3 8D 改善流程圖

表 2-1 8D Report 範例表

客戶名稱	XXX	產品名稱	SPS-001	問題日期	2017/1/1
問題料號	P/N：XXX	問題序號	S/N：XXX	不良數	10 pcs

成立問題解決小組 Form The Team

組織內成員：生產 / 品保 / 機構 / IQC / VQA
組織外成員：供應商業務 / 供應商 PM / 供應商品管

問題描述 Describe The Problem

產品 SPS-001 於可靠度落下試驗後，發現上蓋螺絲柱子斷裂。（不良率：10/10,100%）

短期對策 Containment Action

1. 現有 Case 庫存清查：
   (1) 清查成品、半成品、線邊倉庫，產品 SPS-001 已無庫存（1/28 完成）。
   (2) 清查廠內原物料倉，上蓋（P/N：XXX）合計 315 pcs 已由供應商召回報廢處理（1/28 完成）。
2. 已出貨品清查：
   (1) 清查美國地區合計 2555 pcs，將產品運至墨西哥 RMA 據點重工更換。
   (2) 清查日本地區合計 1011 pcs，將產品運至臺灣 RMA 據點重工更換。

真因分析及驗證 Define&Verify Root Cause

經機構工程師與供應商問題分析結果如下：
1. Case 結構分析：
   螺柱尺寸與設計圖面規格相符，但四條螺柱無輔助的肋條，易於射出，成型條件控制不佳時於鎖附螺絲造成螺絲柱斷裂。
2. 螺絲成型分析：
   (1) 絲成型時，鎖附銅柱長 10mm、螺柱長 17mm，存在 7mm 的斷差。會造成應力的殘留，易於鎖附過程造成此處斷裂。
   (2) 銅螺母由於 CNC 加工所使用的惰性切削油未清除乾淨，而造成融合上的異常。

研擬對策 / 分析對策 Identify&Verify Corrective Action

1. 設計結構改善：螺柱增加 2 條加強肋條強化平行受力。
2. 螺母製造過程增加漬油清洗程序。
3. 更改螺母尺寸由 10mm 加長至 15mm。
4. 更改設計後的螺絲進行的落下、拉力、震動測試結果 Passed。

長期對策 / 實施結果確認 Permanent Corrective Action

1. 螺絲規格圖更改，並定義於承認書內。（2/1 完成）
2. 增加螺母漬油清洗流程於供應商作業 SOP 內。（2/1 完成）
3. 更改螺母尺寸由 10mm 加長至 15mm。（2/1 完成）
4. IQC 進料檢驗增加 10kg 拉力測試。（2/1 完成）

表 2-1 （續）

再發防止 Prevent Recurrence
1. 供應商依據改善後 SOP 作業，完成漬油清洗流程並通過供應商品保檢驗才可出貨。 2. 進料檢驗需通過 10kg 拉力測試及落下測試，才可驗收該批原物料。
結論 Summary
供應商改善後的 Case 料件，通過拉力測試檢驗符合規格要求。

強調流程作業以科學的看法與根據進行行動，以事實進行判斷，管理方式不憑經驗與感覺行事，而是依照資料與事實進行管理。對於事實掌握之方法包括：

1. 仔細觀察現場及現有物品：為有效以事實反映，需實際至現場仔細觀察現場及現有物品情況，同時拍照與記錄。

2. 決定特性：依照問題的情況，確認及決定影響的可能特性。

3. 明確收集資料的目的：需於收集資料開始前，就了解資料收集目的，確認是提供判斷或統計分析。

4. 收集正確資料：對於資料要進行整理或分類，確認收集來的資料正確性。

5. 活用統計方法，充分加以分析：應用合宜的統計方法或工具，進行資料的分析作業。

6. 仔細考察以取得正確情報資料，以事實來判明事理：要充分考察才能夠正確取得所需的情報資料，依照事實與分析結果來進行決策判斷。

進而在 1979 年發展出三現主義，有關現場的許多問題都能正確掌握事實。當問題發生時：

1. 立即到現場：於問題發生的第一時間就至現場，確認問題。

2. 立即進行現物調查：至現場後，展開相關現物調查。

3. 立即在現時點提出處置措施，進行資料分析展開改善活動：確認現場問題與影響之現物，提出處置的短期措施，並進一對於資料分析及展開改善活動。

對於問題的解析與處理採取的 8D 改善問題的步驟確實發揮了團隊合作（Team work）的觀念。

實務小專欄

在實務處理品質問題上，多數以 8D Report 的步驟進行處理與紀錄。除了依照步驟按步就班不易遺漏外，更是能夠詳細交代問題的發生、真因、對策與再發防止的做法。同時對於客戶來說，8D Report 則是確認該品質問題是否能結案的重要依據。所以有人說能夠將品質問題複製再現出來只是第一步，如何有效採取對策與預防再發才是重要，客戶也才能夠放心買單結案。

為了有效闡述事實而採用三現的做法外，輔以拍照、統計資料、測試驗證是必要的。才可知道問題的樣貌與有效的處理過程。更要自問「這樣的問題發生只是一個單一現象？其他系列產品不會發生嗎？」，才可把潛藏的品質問題早日挖掘出來，避免更大的品質損失。

也有人說不同國家的客戶對於 8D Report 的做法不同，日本客戶就單一品質問題與歐美客戶對批量問題是不一樣的。說穿了日本人就是吹毛求疵，所以對於品質問題不好應付與結案。但想想這不就是日本產品一直給我們好品質印象的原因，有這樣的堅持有時不無道理。只要熟悉客戶的特性，8D Report 要結案是不困難的。

對於公司組織來說 8D Report 更是寶貴的資料，能夠系統化的管理與查閱是重要的。除了預防新的產品有相同品質問題的再發，也可於問題發生當下得知當初有效的處理方式。採取知識管理或系統化管理，才可應用這豐富數據與資料。如何有效的 Lesson Learn 才是 8D Report 的重要精神，不要怕問題，而是要學習成長。

⏵ 2-1-3　集思廣益觀念

　　於 1960 年日本科學技術聯盟所發行的《品質管制月刊》其現場人員的 QC 廣被熱烈討論，埋下了重視現場品管的種子。而在 1962 年《現場與 QC》的創刊，由石川馨博士所提倡「以現場的領班、班長為中心，組成包括自己屬下的作業員小組－品管圈」，展開了品管圈（Quality Control Circle, QCC）活動的發展。臺灣則是在 1968 年 3 月由臺灣日光燈公司首先推行，並發展至全國品管圈大會。

　　同時為了擴大活動範圍，品質促進小組（Quality Improve Team, QIT）也視為品管圈活動的一種方式。其所建立的動機、選定專案方式、範圍與組成成員，都因活動的目的而有所不同（表 2-2）。

表 2-2 QCC 與 QIT 對照表

項目	品管圈〔QCC〕	品質促進小組〔QIT〕
建立的動機	自願的	指派的
找出選定專案	多是品管圈作主的	多是經營上有計劃而指派下來的
活動的範圍	自己單位內	跨單位
組成成員	都是單位內的第一線人員與其直屬管理者（如組長、課長）	直屬工程師、單位主管和上級主管
活動時機	多在上班外的時間	多在上班工作時間
活動期限	可以持續存在，一個主題做完再定下一個主題	只做完指定主題

品管圈是結合眾人的智慧集思廣益，以人性管理為著眼點，並以 QC Story 的問題解決法，進行解決職場問題的一種小集團活動（圖 2-4）。

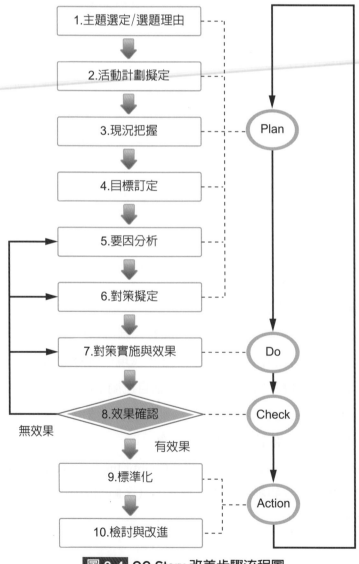

圖 2-4 QC Story 改善步驟流程圖

推動品管圈活動，將可達成下列預期目的與成效：

1. 提高現場水準：透過品管圈活動使圈員自動自發參加改善活動，培養上進心與求知慾。鼓勵勇於發言並接受他人建議，提升彼此水準。

2. 提高現場士氣：透過品管圈活動使在工作現場的每一位員工都能互相幫助，尊重彼此意見，建立光明愉快及具有朝氣的工作現場。

3. 提高現場品質意識：透過品管圈活動使圈員具有重視品質與對品質負責的觀念，讓產品品質精益求精。

4. 提高現場問題意識：透過品管圈活動使圈員具有「沒有問題的現場才是有問題」的觀念。能夠養成在日常工作中經常進行研究、解析、發掘自己工作現場之問題點。

5. 提高現場改善意識：透過品管圈活動使圈員都能了解現場的問題點，必須要由工作現場的員工自己來改善的觀念，使大家具有強烈改善的意識。

6. 使現場成為品質管理重心：透過品管圈活動，使品質管理及現場的改善活動能貫徹至現場最基層。以現場為重心徹底的執行公司方針，促進現場之不斷改進及安定管理，提高企業內每一個員工的工作價值。

過程強調腦力激盪法（Brainstorming），用以強化思考與創造的方法。透過群體的激盪過程，無論提出的看法或見解是否荒謬，從而產生問題解決作法。為有效強化腦力激盪的成效，需落實下列準則：

1. 追求多發表想法：鼓勵人員參與討論多發表意見與想法。當討論越多，越有可能找出有效的解決作法。

2. 禁止批評他人：在腦力激盪過程中要將職位、經驗、年資等會影響發表的因素暫時擱置，不要去立即中斷參與人員的意見表達。應是開始前就拋棄這些因素鼓勵踴躍發言。

3. 提倡新思維想法：除了鼓勵多發表意見與想法外，更要提倡新觀點的思維。能夠跳脫原有的框架，常常會帶來更好的主意，這就是創新的來源。

4. 綜合改善作法：除了個別的意見與想法外，綜合改善想法更能激發具有建設性的作法。透過群體的腦力激盪，截長補短發揮出最大的效益。

2-2 品質觀念推動

品質的觀念，可透過海報、品質標語的張貼進行宣導，強化員工的觀念與營造公司重視品質的氛圍。透過隨處可見的品質標語，時時刻刻提醒員工品質的重要性。但也

有不同學者認為這些品質口號與標語只是受統治過的地區，很自然會產生外顯型的標語文化。被認為這一切標語文化只是中國文化的一部份，對於競爭力的提升並無多大關聯與幫助。但是為何兩岸製造業特別會將工廠文化變成標語文化，實際是考量民族性與文化性給予合宜的做法，才能夠達成良好的成效。當企業組織茁壯到一定的龐大程度，這些品質口號與標語何嘗不是強化觀念的作法之一。很多企業組織所推行的「品質案例分享」，都是好的海報內容的題材。以企業組織內部實際發生的品質實例進行宣導，其效果還是口號來得強（圖 2-5）。

品質案例分享	
產品	A 客戶 Model
內容	C 上方散熱片黏貼錯誤，造成散熱效果不佳引起產品當機
正確	錯誤

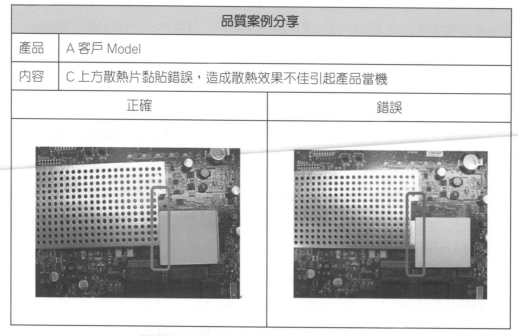

圖 2-5 品質案例宣導圖（公佈欄類型）

另外貼於廁所的文宣也是不錯的宣導方式之一，在如廁時間可以讓員工有學習的時間。一段時間替換一次宣導的內容，會有不錯的成效（圖 2-6）。

圖 2-6 品質案例宣導圖（廁所文宣類型）

⊚ 2-2-1 　提案改善活動

圖 2-7 提案改善箱圖

　　另外在豐田式生產系統中所提及的「只要不能創造產品價值的活動，都是一種浪費」。其中一項就是不符合品質水準要求的產品，不但不能創造價值並需要重工而造成浪費。企業組織為了讓員工具備有良好的觀念，而有所謂的提案改善活動。鼓勵員工自主性對於工作中所隱藏的問題，提出良好的解決建議或方案，透過提案改善提案的審查辦法與制度，擇優給予表揚與獎勵。所代表的是員工本身對於本身日常作業最為熟悉，更知道如何去提出改善。提高生產作業效率，也會反應出良好產品品質。激勵發掘問題與持續改善的意識，形成企業組織良好的活動氣氛，如：設置提案改善信箱、舉辦提案教育訓練、張貼提案改善榮譽榜、舉辦提案改善活動發表會等（圖2-7）都是使改善活動的形式更加落實的方式。同時亦可擬定提案改善活動辦法，對於表現良好的員工給予獎勵。

⊚ 2-2-2 　品質文化建立

　　透過包括高階管理者、中階管理者、基層主管、工程師、作業員等組織層級人員推行的品質活動，持續的建立將品質視為主要目標的文化。同時為有效確保品質活動的落實，可以從建立與宣揚品質現況的資訊掌握開始。在各個管理階層設定不同的激勵指標與溝通的要點，並且週期性地對於全公司品質進行評估與研究，將有助於評核激勵措施與活動是否帶來正面成效。進行品質衡量會直接強化品質任務的執行，發展出良好品質文化。

一個企業組織要有良好的品質優勢必須：

1. 發展技術以建立滿足顧客需求之產品或製程
2. 建立將品質視為首要目標的文化，同時因應趨勢與日俱進不斷變革（圖 2-8）。

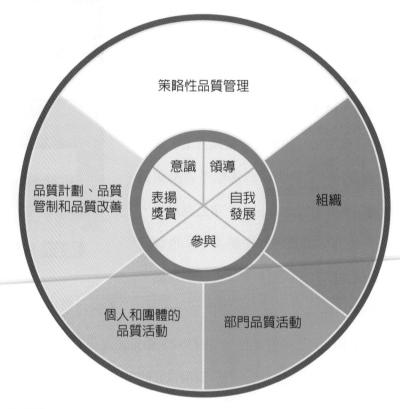

圖 2-8 技術與文化（資料來源：《品質管理》，美商麥格羅・希爾）

 章節結論

在管理上最為困難的事為「人」的管理，而對於很多企業來說最重要的資產也是「人」，這樣可能存在的管理困難點是企業組織的重要課題。透過品質意識建立的活動與落實團隊合作的觀念將可達成一定的成效。

長遠要形成良好的品質意識氛圍與文化，仍有賴高層的決心與獎勵制度，讓這些品質活動得以因為時間累積看出成果。

品質管制（理）在臺灣之推行

TQC 的影響深遠，不但影響到日本的品管發展，也影響到國際標準品質管理系統（ISO 9000）的初期發展。TQC 大約在六〇年代傳到日本。日本企業非常認同 TQC 之做法，進而推展到「全員品管」之「全公司品管」（Company – Widequality Control，CWQC）。日本企業為了落實全員品管，尤其重視基層員工的參與，於是日本品管大師石川馨博士提出了品管圈（Quality Control Circle，QCC）的改善手法，促使基層員工以品管圈手法改善身邊的品質問題及工作上的難題。

臺灣的品質管制（理）的發展跟臺灣的經濟發展息息相關，品質管制（理）的發展過程也是歷經了檢查品管、製程品管、全面品管、全公司品管、全面品質管理，直到卓越經營品質。早年臺灣外銷美國的產品曾經被消費者譏評為劣等品，但經過多年的努力，落實製程品管，全力推行全面品質管理，甚至 Six Sigma 改善、流程改造，才成功的讓臺灣廠商所生產的產品（Made in Taiwan，MIT）成為優良品質的代名詞。

早期臺灣產品曾經在國際上被取笑為劣等品，但是臺灣企業經過四、五十年在品質管制（理）的努力，讓臺灣產品轉變到優良品質的代名詞。目前，任何臺灣企業都把「品質」視為理所當然的生存之道。因而，對於品質管理之導入與推行，持續的品質改善，以及日常管理的落實均全心全力的投入。在品質推動過程中，高階主管的決心、堅持與參與是決定性的成功因素，而全員的品質教育訓練的落實是基礎工程。此外，獲得政府的重視與支持是關鍵的推力。這些推動「品質活動」的關鍵要素絕對要付諸實現才行。追求「卓越品質」是一條漫長且無止境的旅程，而且是企業卓越經營必走之路。企業要能成功而穩健的走下去，除了高階主管的決心與堅持外，最根本的做法就是要建立優質的「品質文化」。因為「品質文化」才是企業成功、永續經營的良好土壤，堅固的地基。

資料來源：摘錄自品質月刊．55 卷 03 期｜2019 年 03 月

👤 解說

品質觀念的建立與品質活動的推動，其最終目的不外忽是要形成公司組織良好品質的文化。尤其臺灣資源不豐富，仰賴生產產品出口賺取外匯是必然的。所以，在公司組織內能對於品質有良好的觀念，以及支持持續改善的品質活動，最終才能形成良好的「品質文化」。

② 個案問題討論

1. 公司組織內要建立有良好的品質觀念，可以怎麼做？

2. 公司組織內要進行持續改善的品質活動，可以怎麼做？

章後習題

一、選擇題

( ) 1. 何者不為品質意識輸入活動之一？ (A) 5S 活動 (B) 提案改善活動 (C) 品管圈活動 (D) 團康活動。

( ) 2. 何者不為品質意識輸出結果之一？ (A) 第一次就將品質做好 (B) 培養勇於承擔的責任感 (C) 將問題留給他人處理 (D) 對問題重視並追根究柢。

( ) 3. 何者不為全面品質管理要點之一？ (A) Top–Down 支持 (B) 投入大量品質成本 (C) 全員參與 (D) 持續改善。

( ) 4. 5S 活動最終要達成哪一項習慣？ (A) 修身 (B) 整理 (C) 整頓 (D) 清潔。

( ) 5. 何者不為 8D Report 步驟之一？ (A) 問題描述 (B) 公開發表 (C) 短期對策 (D) 長期對策。

( ) 6. 品管圈活動最終要達成哪一項品質觀念？ (A) 集思廣益 (B) 見賢思齊 (C) 捨我其誰 (D) 見義勇為。

( ) 7. 何者不為 QC Story 步驟之一？ (A) 主題選定 (B) 現況把握 (C) 要因分析 (D) 獎勵懲罰。

二、問答題

1. 請說明正確的品質觀念要點，包括哪些內容？
2. 請說明全面品質管理重要的基本觀念，包括哪些內容？
3. 請說明日本企業推動的 5S 活動，包括哪些內容？
4. 對於問題發生的真正原因探究可採取何種方式？其作業內容為何？
5. 對於問題的解析與處理可採取何種方式？其作業內容為何？
6. 請說明 QC Story 的問題解決法，包括哪些內容？
7. 推動品管圈活動，將可達成哪些預期目的與成效？
8. 為有效強化腦力激盪的成效，需落實哪些準則？
9. 對於品質觀念的宣導，有哪些好的作法？
10. 提案改善活動的要點與其作業內容為何？

參考文獻

1. 林家五／彭玉樹／熊欣華／林裘緒，《企業文化形成機制 - 從認知基模到共享價值觀的形成》，人力資源管理學報。

2. 王德雄，《課組長－做好日常管理應有的觀念》，先鋒企業管理發展中心。

3. 廖兆旻，《企業 5S 活動實戰技巧與手冊》，臺華工商圖書出版公司。

4. 鍾朝嵩，《品管圈活動手冊》，先鋒企業管理發展中心。

5. 細谷克也，《品管理念與推行要訣》，聯經出版事業公司。

6. 若松義人，《豐田成功學》，經濟新潮社。

7. 徐脩忠，《及時生產系統》，科技圖書。

8. 陳建平、黃美玲、謝志光、林士彥譯，《品質管理》，美商麥格羅·希爾。

Chapter

3

品質管理與改善活動展開

🏷 學習要點

1. 品質改善活動的發展與演進。
2. 了解如何推動品質活動。
3. 了解流程改善的作法要點。
4. 應用改善活動推動管理作法。
5. 了解稽核活動的觸發,促成改善活動。

 關鍵字:改善、不必要的浪費、品質改善活動、P-D-C-A 管理循環、流程改善、
稽核活動

品質面面觀

你的策略是什麼？要達成品質，組織必須為它計畫

　　品質永遠不會只是把自己做好就足夠，是要系統化的、檢核與良好的規劃而獲得的結果。能夠成功地使公司組織產生永續品質的觀念，當顧客反饋時能夠時時保持迅速回應的能力。身為品質專業人員，需了解以品質為中心策略進行規劃與戰術的改進，其中需要具備相關專業知識與技能的支持。

- Philip B Crosby 對品質管理提供許多識見，但他最重要有力的貢獻，是他對企業領袖們具備有效溝通能力。他教導強調品質是在策略上關鍵的決定。

- Deming 意識到對品質的了解與承諾將成為基本的事業策略及作為領導者能夠為組織所做最為重要事務之一，特別地，他堅持領導者們要了解：詢問正確問題以解決「什麼是顧客需要」的重要性，以及了解以製造為基準，重複製程中變異的影響。

- Juran 察覺品質是任何成功的組織在策略上的主要驅動力，在他的《Juran on Leadership for Quality》書中，他說「僅在傳統方式中增加新方法或新工具是不夠的，新的基本方式是環繞著從擴大策略事業計畫至包括以品質目標為中心的觀念」。

　　無數品質人員以自身的功能範圍去完成工作，在每個公司組織中，大部分品質人員在執行品質保證與管制下，無法認知他們的工作雖然可能只是簡單的工作執行，但是以品質為基礎，有其不可或缺的重要性。

　　無可避免地，儘管我們用最大努力去發展以品質為中心的策略計畫及戰術計畫，以達成品質目標，但有些時候還是失敗。所以我們要長期對於預期、瞭解及防止錯誤、缺點及失敗，為了這樣做，我們必須確保我們組織的策略計畫是以品質為中心，以及我們的戰術計畫是完整及經過思考的。

資料來源：摘錄自品質月刊 54 卷 10 期 2018 年 10 月

👤 解說

　　品管大師的教導與實務上的成效，端看企業組織是否 Top to Down 上的認同。並不是導入所有的品質管理手法、工具、觀念，就一定能夠把品質做好。也並非一昧追求新的應用，就能夠建立良好的公司品質文化。就像良好的產品品質，絕對不是靠「全數檢驗」出來的道理是一樣的。別的公司組織正在導入 Six Sigma，正如火如荼推行品管圈活

動，本公司是不是也要導入才跟得上潮流？這樣的一窩蜂活動，並未實際評估公司組織現況，未對自己公司進行健康檢查。這樣病及亂投醫的情況，大多數並非能解決根本問題，更是資源上的浪費。

⑦ 個案問題討論

1. 從《你的策略是什麼？要達成品質，組織必須為它計畫》一文，你覺得對自己身處的公司組織，有哪些品質管理手法、工具、觀念是適合導入的？

2. 從《你的策略是什麼？要達成品質，組織必須為它計畫》一文，你覺得對自己身處的公司組織，現行有哪些品質管理手法、工具、觀念是不適合導入的？

前言

　　本章節接續上個章節所提良好品質觀念建立的作法與一般公司實際應用情況，對於品質管理活動及改善活動被認為重要的是展開而不是口號。從日本成功企業成功的經驗建立改善新思維，落實良好的管理作法達成改善活動的目的。同時對於強化系統管理更應對於流程進行改善與優化，可以減少不必要的浪費與反應出良好品質。

 ## 3-1　改善活動發展與演進

　　本章以管理改善進行相關背景與動機的探討，同時整理出其中心理念，達到實踐目的。從 ISO 9000 系統的興起，到全面品質管理的意識抬頭以及六標準差概念的落實，其中的核心價值就是持續改善。對於競爭的市場環境，公司組織持續品質改善活動是不可或缺的，不只是因應品質改善活動帶來的成效，也會讓員工參與的過程提升品質意識。但在包括 5S、QCC／QIT 品管圈、提案改善、6 Sigma 等這些常見的品質活動，在公司組織內往往是以專案方式執行，無法內化成日常作業的一部分，而失去這些改善活動的精神與目的。甚至很多時候部分人員會認為這是品保單位要推的活動，而有事不關己的想法出現。本章節提出一套方法論進行參照，期許以執行的角度發展出不同的執行新思維。以良好的管理作法，達成改善活動的目的，進一步發展成良好公司習慣與文化。

3-1-1　發展過程

　　改善活動的發展可以從日本豐田汽車於創立之初為了與美國汽車競爭開始，目的是為了消除工廠內不必要的浪費用以降低成本。以持續不斷的改善活動，來消除這些包括生產過剩、庫存、搬運、等待、製造不良、動作、加工等浪費。其精神是以最簡單的手法進行改善，來達成最佳、最理想的成果。同時可追溯至八零年代起，全球企業都在學習日本的改善（Kaizen）活動，並且由美國品質學會（ASQ）以持續性的（Continuous Improvement, CI）進行持續改善的名稱定義。但在這些成效與成果有限下，已無法滿足高度競爭市場的需求。更進一步是以全新的創意、大幅度的改變、突破性成果的創新（Innovation），來增加企業組織的競爭力。也讓很多企業組織了解到，原來改善是實際節省到成本的。

3-1-2　演進探討

　　對於企業組織來說豐田汽車的啓發是帶來企業經營管理觀念上的轉變，同時企業組織又太仰賴「突破式創新」所帶來的效益，造成忽略了「漸進式創新（改善）」所累積出來的成效。人人都想突破式創新帶來的效益，卻忘了創新有時是靈光一閃有運氣的成份存在。有些時候看似突破性的創新，卻不一定能夠商品化滿足市場或管理上的需求。若能採用不斷的改善活動以小進步進行累積，相信能夠催化出新的大的成就。對於豐田汽車的「改善」來說已經不再是「活動」，而是日常管理、工作上的重要部分。這樣想法上的差異，可由豐田與其他公司想法比較表看出（表 3-1）。

表 3-1 豐田與非豐田公司想法比較表

豐田公司想法	非豐田公司想法
常態日常管理＝流程改善	常態日常管理＋改善

　　改善與日常管理合而爲一，並強調科學化、數據化，不依經驗直接下對策。同時爲了達成理想狀態與更好的目標，發展出追求完美的改善過程（圖 3-1）。

　　從以持續不斷的改善活動來達成不必要的浪費，到將流程改善成爲常態日常管理，讓我們了解觀念正確是必要的。

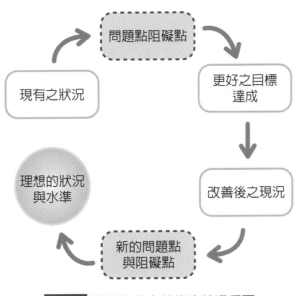

圖 3-1 豐田追求完美的改善過程圖

3-2 推展品質活動方式

從學者的研究與實戰經驗，要落實推展全公司性的品質活動需要從這些過程去達成活動成功的目的。

1. 完整的計劃及承諾：要有預期品質活動的推展成效，事先要有完整的計劃及管理階層的承諾。

2. 全公司員工、部門、供應商之訓練：將改善活動計劃對公司內部相關人員及外部配合供應商進行宣達及必要之訓練。

3. 各部門或任務區分提出子計劃及承諾：依照品質改善活動相關部門或任務，由關係人提出達成目標的子計劃與給予必要的承諾。

4. 子計劃的整合：將各子計劃有效整合，可整合重複活動並有效利用資源。

5. 全面參與：依照計劃展開之活動，推展至企業組織內部。

6. 各層面成果發表會：依照活動時程安排期中或期末成果發表，可確實掌握進度與成效。

7. 公開表彰、獎勵、激勵、報償：依照成果發表，對於表現優良者給予公開表彰與獎勵，並激勵團隊與提供報償。

8. 學習、散發成功事例與標準化：良好改善方案提供同仁學習、散發成功事例，並同時將成功改善作法予以標準化。

9. 研擬或修正下一階段的 P-D-C-A：依照 PDCA 管理循環，持續研擬或修正改善活動。

　　相關的執行要點，可由推展全公司性的品質活動流程圖看出（圖 3-2）。以 P-D-C-A 管理循環（Plan 計劃、Do 執行、Check 檢討、Action 改善）進行運作方式，讓企業員工參與改進，用以維護活動的有效性、符合性、持續性。同時應以方針帶動 P-D-C-A 管理循環，來達成企業各階段的目標及獲利目的。而對於員工表彰的部分可進一步與學習成效制度、考核制度、獎勵制度、升遷制度結合，將可進一步提高執行改善的成效，並內化成日常的管理。

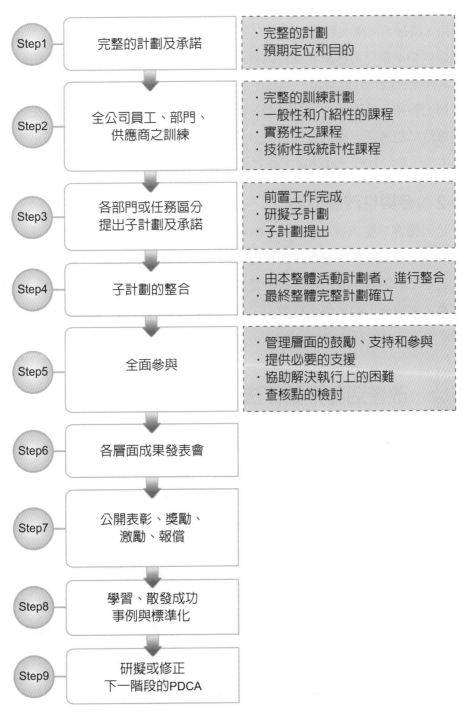

圖 3-2 推展全公司性的品質活動流程圖

3-2-1 自主性改善活動

因應不同改善活動的性質,探討對於自主性、參與性改善活動的精神,提供推動改善活動的參照並期許內化成日常管理、工作上重要的一部分。從自主性活動來說就像是

每日要做的習慣事情，其精神是日常活動不可或缺的一環。就像 5S 活動是指導員工做好整理、整頓、清掃、清潔、教養，其目的是讓作業相關物品擺放好，設備工具擦拭乾淨。同時透過這些標準動作潛移默化進行改變，養成良好的作業方式，進而能依照廠規或標準進行日常作業而成為好的習慣。另外是品管圈活動（Quality Control Circle, QCC）提出者石川馨博士堅持品管圈是自願性活動，公司高階主管不可使用行政命令來推動。同時鼓勵推動單位於組圈後，採取公開方式公佈組圈名單，能夠讓圈員獲得滿足與責任感。從日常自主性作業的執行，就讓員工建立良好改善的觀念。

▶ 3-2-2　參與性改善活動

另外是因應客戶要求或 Top-Down 的專案類型，是屬於配合參與的改善活動。像是六標準差特別強調管理階層應重視過程監控和對績效負責，實施六標準差的公司是為了讓各層級員工了解顧客、服務顧客與清楚流程，運用更有效的方法及工具，並且用客觀的衡量標準，來使員工的工作更有效率、減少混亂及更有價值。最終目標仍是需要內化成日常標準作業，才能有持續性的進行。

3-3　改善活動推動作法

要落實推展全公司性的品質活動，在完整的計劃與承諾階段相對重要。要以尋求高層支持及善用管理方法論，期許以執行的角度發展出落實且達標的新思維。在現今競爭市場下企業組織面臨客戶需求、品質競爭力、低成本挑戰的環境條件，推動有助於公司成長的改善活動勢在必行。但為了成長所做的改變，所代表的是要改變作法及改變觀念。尤其對於負責活動推動的單位來說，要去改變現有的作法甚至觀念，表示要花相當的精力與時間。所以尋求高層支持成為強大的後盾，相對非常重要。完整的推行計劃除了 (1) 活動目的；(2) 活動範圍；(3) 活動時程；(4) 權責部門；(5) 作業內容等基本項目，應包括有形無形的效益評估。透過主管會議的安排進行推行計劃的說明，同時可確認與公司新年度營運策略方向是否一致。

▶ 3-3-1　善用管理作法

要落實品質改善活動成效的達成，需要依 P-D-C-A 精神善用科學管理作法。首先在改善活動計劃提出，大家一定會問怎麼做？如何做？同業已有做？做這有什麼好處？一定要做嗎？故在改善計劃應充分評估，才可以有完整的導入計劃。更應評估有形與無形的效益，才可讓高層管理人員清楚投入與產出的評比。依循著充分審查的導入計劃，尋求高層支持提供資源（預算與物力）並指派適當的推動人員。高層於啟始會議、活動追

蹤 Review 會議、結案會議以及不定期的參與，將可讓推動人員感受到高層主管的重視，更會主動積極配合執行。而啓始會議的重點是讓推動人員清楚了解其個人職責，同時推動單位應於會議前調查各單位疑問，事先準備 Question&Answer 更可以讓會議順利進行。例如：爲何要做改善活動？改善過程遇到問題，誰會負責協助處理？若是工作繁忙，而無法配合推動時如何處理？將這些常見問題收集起來，並與推動組織及高層討論確認作法，將有助於認同並減少雜音。

對於改善活動的執行，可以使用 Project 軟體或甘特圖掌握進度。同時推動單位應主動要求執行單位回報進度及是否有問題，對於問題即時處理避免影響進度。安排每月、每季或定期 Review 會議，確認改善活動的成效，並將 Review 報告與會議記錄與主管報告。期末應總結本次改善活動成效，並檢討活動缺失與改善項目，讓參與人員集思廣益提出建議以利活動做得更好。而對新一期的活動計劃的提出，可依據檢討改善的內容進行規劃，更應掌握外部趨勢進一步發展新的改善活動，見改善活動管理作法流程圖（圖 3-3）。

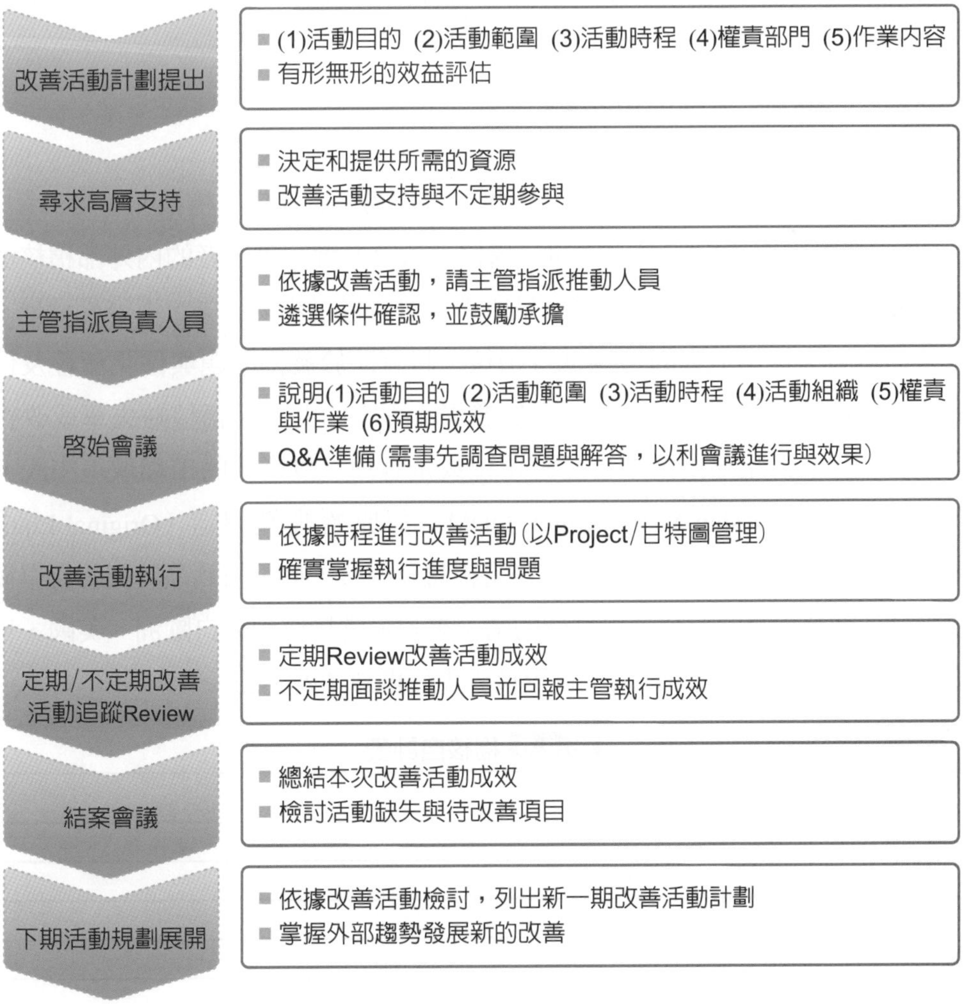

改善活動計劃提出	■ (1)活動目的 (2)活動範圍 (3)活動時程 (4)權責部門 (5)作業內容 ■ 有形無形的效益評估
尋求高層支持	■ 決定和提供所需的資源 ■ 改善活動支持與不定期參與
主管指派負責人員	■ 依據改善活動，請主管指派推動人員 ■ 遴選條件確認，並鼓勵承擔
啓始會議	■ 說明(1)活動目的 (2)活動範圍 (3)活動時程 (4)活動組織 (5)權責與作業 (6)預期成效 ■ Q&A準備(需事先調查問題與解答，以利會議進行與效果)
改善活動執行	■ 依據時程進行改善活動(以Project/甘特圖管理) ■ 確實掌握執行進度與問題
定期/不定期改善活動追蹤Review	■ 定期Review改善活動成效 ■ 不定期面談推動人員並回報主管執行成效
結案會議	■ 總結本次改善活動成效 ■ 檢討活動缺失與待改善項目
下期活動規劃展開	■ 依據改善活動檢討，列出新一期改善活動計劃 ■ 掌握外部趨勢發展新的改善

圖 3-3 改善活動管理作法流程圖

3-4 流程改善作業

在公司組織內的日常作業，是由不同的流程所組成。包括：(1) 客戶開發流程；(2) 採購流程；(3) 產品開發流程；(4) 生產製造流程；(5) 產品出貨流程。對於流程管理來說，是以流程的觀點用以管理及改善企業運作，達成目標。這其中包括：

1. 有效用的流程：是作業流程提供客戶所需之「對」的流程（Do the Right Things）。呼應品質上的要求，則是要於第一次就把事情做對（Do the Right Things at the First Time）。

2. 達成有效率的流程：有效率的作業流程就是把「對」的事情做正確（Do the Right Things Right），以最低的成本（時間／人力／物力／金錢）完成作業內容。

3. 適應性強的流程：適應性強的流程就是考慮未來發展性，仍可適用的流程，不因潮流速度過快而需經常汰換。需考量公司策略、目標、方針，進行流程的制定與資源分配。

3-5 稽核活動的觸發

一般在企業組織內對於稽核，以角色可區分為第一者（自主稽核）、第二者（2nd-party Audit）與第三者（3rd-party Audit）稽核。以第二者及第三者的內外部稽核活動，是觸發企業組織改善活動的因子。這就是所謂自己看自己容易迷失，不容易發覺不足與需要改善的地方。透過他人的角度進行稽核，將有助於發掘問題與優化流程及作業。第二者稽核是由下工程稽核上工程，對於發現流程上的問題採稽核缺失單或改善通知單進行改善。第三者稽核則是來自認證單位或是客戶。以臺灣的市場環境來說，原始設計製造（Original Design Manufacturer, ODM）與原始設備製造（Original Equipment Manufacturer, OEM）代工的能力較為有豐富經驗及擅長，於爭取到品牌商的訂單後，則是需要接受品牌商人員的稽核。以臺灣的情況來說最常接收到來自歐洲、美國、日本客戶的稽核，而一般在正式稽核前會提供稽核表先行自評（表 3-2）。

表 3-2 稽核自評表

公司組織名稱	中文	XXX
	英文	XXX
公司官網	網址	www.XXX.com
公司廠址	地址	XXX
產品類別	XXX	

表 3-2 （續）

已認證系統名稱	證書編號	認證機構	證書效期	認證範圍
ISO9001	XXX	SGS	2017/1/1 ～ 2020/12/31	All Products
ISO14001	XXX	SGS	2017/1/1 ～ 2020/12/31	All Products
ISO13485	XXX	SGS	2017/1/1 ～ 2020/12/31	醫療產品

稽核項目						
構面	分類	項目內容	自評（符合／不符合）	佐證資料	客戶稽核	結果／得分
方針管理	1-1	高層管理人是否制定品質管理方針並於公司內執行	符合	（插入物件）	符合	Pass(2)
	1-2	是否有撰寫品質管理方針制定作業內容或辦法	符合	（插入物件）	符合	Pass(3)
目標管理	1-1	是否依照策略展開制定品質目標並於公司內執行	符合	（插入物件）	符合	Pass(2)
	1-2	是否有撰寫品質目標制定作業內容或辦法	符合	（插入物件）	符合	Pass(2)

對於自評表填寫是以說寫做原則進行，依回答範例填寫並掌握 (1) 參照文件；(2) 參照文件章節；(3) 佐證資料；(4) 匯入物件四項要點（圖 3-4）。

彙整單位發出 → 受稽窗口填寫 → 於Due Date前回交 → 彙整單位審核並通知修改 → 受稽單位共同Review

圖 3-4 自評表填寫流程圖

在內部自評的進行過程，即可發現流程不足或待改善的地方，並於客戶稽核前自主性改善。客戶稽核的進行以購買方的角度執行，不是有人常說買貨人就是嫌貨人，越是挑剔則更是驅動企業組織成長的動力。而客戶對於公司組織稽核的執行結果，常以權重分數進行評比。例如（表 3-3）稽核評分結果表來看，將企業組織的能力區分為 (1) 工程能力；(2) 品質能力；(3) 製造能力；(4) 價格競爭；(5) 環境與社會責任等不同的構面，並依據重要等級設定權重進行評分。同時對於每個單項構面的得分進行等級評比，並可在所有企業組織群裡進行平均或排名的判定。

為了更有效判讀企業組織的優劣，更會以像是稽核評分結果統計直方圖（圖 3-5），或是稽核評分結果統計雷達圖（圖 3-6）進行呈現。這樣的評量結果可有效觸發企業組織的改善活動的生成，同時可以與外在環境進行比較，減少自我感覺良好的落差。同時對於企業組織來說，應進行每年客戶稽核的評量追蹤，了解客戶對於各構面的評量成績是進步亦或是退步（圖 3-7），才可有效檢討，越來越進步。

表 3-3 稽核評分結果表

評量構面	評分	XX 公司		平均值	
		得分	等級	得分	等級
工程能力	25	22	B	21	B
品質能力	25	24	A	23	A
製造能力	20	17	B	19	A
價格競爭	20	15	C	14	C
環境與社會責任	10	5	B	5	B
總計	100	83	B	82	B

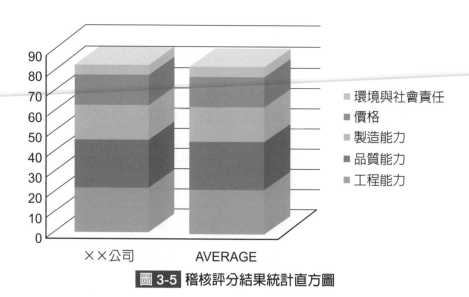

圖 3-5 稽核評分結果統計直方圖

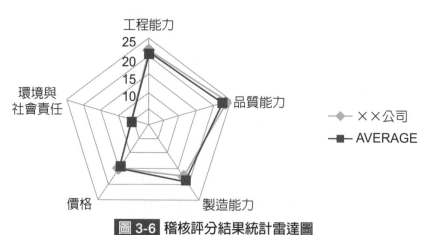

圖 3-6 稽核評分結果統計雷達圖

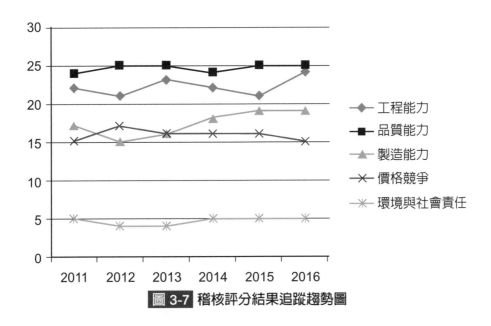

圖 3-7 稽核評分結果追蹤趨勢圖

實務小專欄

客戶稽核活動不管是新廠商評鑑或是年度稽核,都是可以事先準備去獲得好的結果。事先對於自評表採說寫做原則填寫,且人員應對作業內容熟悉。同時對於客戶稽核的日程與稽核員背景,都要於稽核前得知,達成知己知彼百戰不殆的準備。在講求無紙化的環保意識下,對於準備的受稽文件與記錄,需事先存於電腦共用槽內並由主導稽核者確認。準備完成後,於稽核前一週進行客戶稽核演練,可對於準備不足的地方再調整。

稽核進行時,對應每個稽核員需搭配一個陪稽人員。該陪稽人員是熟悉公司組織內部作業與對應文件,可配合稽核員提問與協助受稽單位。擔任主導稽核者更是重要角色,除了掌握稽核節奏,更要對於尋求支援時協調所需資源。這樣將可有效將稽核缺失項降低,達成稽核通過的公司組織目標。

而客戶稽核是站在第三者稽核角度,對於稽核缺失都是需要也值得去改善的。故稽核結束只是一個階段完成,後續仍有待缺失的回覆與預防再發。依據缺失項目召集相關人員共同討論,再將改善作法回覆客戶。為有效落實預防再發,應進行標準化並將做法撰寫至標準程序內。更重要是公司組織應對內部作業定期檢討,自我檢討也是達成客戶滿意的重要改善之一。

3-6 章節結論

　　不斷的改善活動是以小進步進行累積，去催化出更新更大且更優良的成果。落實管理作法，達成改善活動的精神，進一步發展成良好公司習慣與文化。不論是自主性活動或是參與性改善活動，都應善用科學管理作法達成改善的目的與成效。而對於以流程組成的企業組織來說，流程的改善應成為日常管理的一部分。透過第二者及第三者的內外部稽核活動，有效觸發改善活動的啟動。企業組織掌握週期性稽核結果趨勢，可了解並掌握管理成效的變化。

運用品質改善循環提升教學滿意度

醫事人員畢業後，臨床訓練計畫（Ppost Graduate Year Program, PGY）主要是銜接學校基礎教育與臨床專業教育。針對新取得執照之藥師，給予兩年有組織的專業訓練、提升知識技能，獲得獨立照護病人能力，增進醫療服務品質。為提升 PGY 教學課程滿意度，運用品質改善循環 Plan-Do-Check-Act（PDCA），依重要性、迫切性、效果性、可行性和時效性，針對學員滿意度較低的部分進行改善，期望提高教師教學成效、提升學員學習效率，以培育更多醫療人才。

一、主題選定

以 PGY 學員為中心設計一份「教學品質滿意度評分表」進行現況分析，內容分六大面項，包含教學內容、教學態度、教學能力、課程設計、教學時間及硬體設備，評分採用 Likert scale，分成 5 個等級（5 分－非常滿意、4 分－滿意、3 分－普通、2 分－不滿意、1 分－非常不滿意），再平均進行分析。共有 11 位學員（包含受訓中或已完訓）接受問卷調查。

二、目標設定

5 位教師組員選出需改善的兩大主題：「教學時間不充裕，無法學完全部的課程」及「教師教學前未準備充分，內容不完整」，學員滿意度分別為 2.5 及 3.4 分。教學品質滿意度最終目標設定為各項滿意度皆 ≧ 4 分，即 PGY 學員對於教師教學品質的評分為滿意或非常滿意，但是評估藥師線上人力及可以著手改善的項目，目前以提升進行改善的兩項滿意度至現況之 30% 為此次活動的目標，四捨五入法即 3.3 及 4.4 分為改善目標值。

三、要因分析

回顧 PGY 檢討會議記錄及參考問卷調查，利用魚骨圖分析相關要因並圈選出主要因，針對「教學時間不充裕，無法學完全部的課程」，主要因為 (1) 未告知主管要教學：沒有適當調度人力，常常出現教師必須一邊指導學員，一邊處理線上業務；(2) 沒有教學保護時間：當人力不足時，教師指導學員的時間被壓縮，使學員沒有足夠時間學完全部的課程。針對「教師教學前未準備充分，內容不完整」，主要因為 (1) 作業規範未即時更新：紙本作業規範更新速度太慢，導致教學和作業規範內容不一致；(2) 沒有作業流程課程：常常是遇到問題才學習，時間緊迫導致教學不完整；(3) 沒有教師手冊及教案範例：每位教師經驗、專長不同，對於學員的教學內容不同，導致學員學習成果也有差異。

四、對策擬定及實施結果及討論

2017 年 1 月 17 日，5 位受訓中 PGY 學員進行改善後滿意度調查，結果如表一（在職已完訓學員皆培訓為教師，新進 PGY 學員未經歷改善前狀況，所以改善後樣本數較少），學員對於教學品質整體滿意度，由改善前 3.3 分提升至 4.4 分，針對第一個改善項目「教學時間不充裕，無法學完全部的課程內容」改善前 2.5 分進步至 3.8 分，目標值 3.3 分，進步率 52%，目標達成率 162.5%；第二改善項目「教師教學前未準備充分，內容不完整」改善前 3.4 分進步至 4.4 分，目標值 4.4 分，進步率 29.4%，目標達成率 100%。

表一 改善前教師教學品質滿意度分析（★ 滿意度 < 3.5 分的項目）

六大面向		滿意度評量項目	改善前平均分數	改善後平均分數
教學內容	1	教學內容具專業性符合工作需要	3.8	4.6
	2	教師教學前準備充分，內容完整	3.4（★）	4.4
教學態度	3	教學時態度認真	3.9	4.8
	4	鼓勵學員發問，耐心解答	3.6	4.8
	5	與學員互動良好	3.6	4.6
教學能力	6	說明清楚且有條理	3.4（★）	4.6
	7	能適當以多樣化方式從事教學（例如：PBL）	3.1（★）	4.6
	8	教學吸引學員的興趣，具啟發性與實用性	3.0（★）	3.8
課程設計	9	選擇適當的教材、教具進行教學	3.2（★）	5
	10	課程大綱明確，掌握課程時間與進度	3.5	4.6
教學時間	11	教學時間充裕，足夠學完全部的課程內容	2.5（★）	4
	12	不受工作時間限制，有獨立的學習時間	2.7（★）	4.2
教學硬體設備	13	合宜的學習空間，不受線上作業影響	2.5（★）	4
	14	可充分利用網路、資料庫等硬體設備	3.2（★）	4.2
整體滿意度（平均值）			3.3	4.4

資料來源：摘錄自醫療品質雜誌 第 12 卷第 1 期，50-56 頁（2018 年 1 月）

解說

　　案例為東元綜合醫院藥劑部藥師的品質改善活動的發表，讓我們看到醫療領域上持續改善的分享。教學常因沒有時間，而草率或是未執行。教學品質差更造成滿意度降低。本案例透過魚骨圖解析與 P-D-C-A 的改善循環，達成成效。讓我們了解到改善的重要性。

個案問題討論

1. 從《運用品質改善循環提升教學滿意度》一文，內容提出哪些改善的作法與建議？

2. 從《運用品質改善循環提升教學滿意度》一文，你覺得品質改善活動是否有產業應用上的限制？

章後習題

一、選擇題

( ) 1. 為有效消除工廠內不必要的浪費用以降低成本，可進行什麼活動？ (A) 改善活動 (B) 節約活動 (C) 品管圈活動 (D) 5S 活動。

( ) 2. 何者不為推展全公司性的品質活動流程其中步驟之一？ (A) 完整的計劃及承諾 (B) 全面參與 (C) 各層面成果發表會 (D) 將成果回報客戶。

( ) 3. 何者不為完整的改善推行計劃其中項目之一？ (A) 活動目的 (B) 活動成果 (C) 活動時程 (D) 權責部門。

( ) 4. 對於改善活動管理作法流程中 (1) 啟始會議;(2) 改善活動追蹤;(3) 改善活動執行; (4) 結案會議的正確步驟為何？ (A) 1234 (B) 1324 (C) 2314 (D) 3214。

( ) 5. 何者不為稽核角色區分其中之一？ (A) 第一者 (B) 第二者 (C) 第三者 (D) 第四者。

( ) 6. 何者不為自評表填寫掌握要點其中之一？ (A) 參照文件 (B) 字體設定 (C) 佐證資料 (D) 匯入物件。

( ) 7. 何者不為一般客戶進行企業組織的能力評分主要構面其中之一？ (A) 工程能力 (B) 品質能力 (C) 償還能力 (D) 製造能力。

二、問答題

1. 請說明改善活動的發展及演進？

2. 請說明改善活動可以帶來的效益，並列舉實例？

3. 從豐田公司的管理，可以看出對於改善的哪些不同思維？

4. 請以流程圖表示要推展全公司性的品質活動，可以採取的作法與步驟？

5. 以改善活動的性質進行區分，可以區分為幾類？其差異性為何？

6. 要落實推展全公司性的品質活動，其要點與作法為何？

7. 請說明一般企業組織流程包括哪些？進行流程改善又可達成哪些目標？

8. 一般在企業組織對於稽核區分幾類？其差異性為何？

9. 稽核自評表填寫要掌握哪些原則？其步驟為何？

10. 從稽核結果常見的統計圖表，可以看出哪些企業組織的優劣？

參考文獻

1. 陳獻義，《企業流程管理與改善》，臺灣檢驗科技股份有限公司。

2. 楊錦洲／李鴻生，《精實生產教戰守則》，品質學會。

3. 翁田山，《品質經營實戰－全角度多元化》，中華民國品質學會。

4. 古垣春／林清風／林傳成／廖方忠，《基層改善向下紮根》，中衛發展中心。

5. 吳志偉／陳瓊怜，《持續改善究竟在持續什麼》，2007/04 品質月刊。

6. John R. Dew，《你的策略是什麼？要達成品質，組織必須為它計畫》，2018/10 品質月刊。

NOTE

管理系統介紹

 學習要點

1. 系統標準的發展與演進簡介。
2. 管理系統介紹與要點說明。
3. 了解如何進行整合性系統管理。
4. 了解整合性系統管理推動作法。

關鍵字：ISO 9001、ISO 14001、QC 080000、ISO 14064-1、ISO 45001

品質面面觀

如何善用 ISO 9001：2015 改版，進行品質系統之建構、改善與提升？！

ISO9001：2015 改版之品質管理的原則要求下，這些原則包括有：

1. 顧客為重：基於顧客對品質的要求，以此做為品質管理的主要思考依據。
2. 有效領導：組織高階主管願意參與並投入資源，實現對客戶之品質承諾。
3. 全員參與：全體主管與員工皆願意參與並實現對客戶之品質承諾。
4. 流程導向：以降低與避免品質風險的角度思考，建立流程運作系統。
5. 持續改進：針對尚未達到品質承諾之狀況，持續尋找解決方案並改善之。
6. 證據決策：凡事做決策，皆需要有數據、證據等做依據，不可無憑無據。
7. 關係管理：對於外部供應商、外包商、原料商等也應納入管理。

在 ISO 9001：2015 仍以管理循環 PDCA（Plan-Do-Check-Action）作為品質管理系統持續改善的基礎，加重了高階管理者在系統內所扮演的角色。過去，ISO 9001 系統運作經常流於形式上的文件與紀錄管制，未實質與組織日常流程與管理相結合，更遑論進行系統性改善，主要原因之一是公司高階管理者觀念上多認為取得系統驗證僅是應付顧客或驗證單位稽核之用所導致，自身無需參與。若遇客戶或驗證單位稽核前，才開始補寫相關文件的紀錄。當稽核結束，所有的系統施行狀況又恢復原狀，直到下一次稽核前又週而復始，該類型運作實在無法對組織營運效益有顯著提升。故，新版加重了高階管理者的角色，勢必要由高階管理者作為重要推手，甚至是發起者，其中牽涉到對風險與機會的比重思考，更有可能將高階管理者本身之領導風格與經營理念融入系統運作。藉由高階管理者的參與，不但可以提高推行系統的整體執行力，不至於讓系統僅存在文件之外，更可以讓組織在規劃系統時，亦可考量自身目前所處環境，以及面對未來所需要的準備。

其次，新版條文也刪除了管理代表、品質手冊與預防措施等原本管理代表的稱謂。改由高階管理者被委派在系統上的職權，舊版使用者仍可保留管理代表稱謂，首次導入者則可沿用或自創另一稱謂，如：品質管理系統總督導、系統最高負責人等取代之，或是定義其職權後，由高階管理階層指定被委派者。

　　此外，新版條文也增加了組織分析、風險管理、組織知識管理及應變措施等四點。這四點也是此次改版的重點，由增加「組織分析」與「風險管理」中可知，品質管理系統已由建構「品質管理制度」提升至「組織營運」的層次，對於組織發展與其利害關係者的風險與機會（Risks & Opportunities）作事先分析與評估，分析與評估方法可使用SWOT分析、PEST分析、五力分析等。在實施組織知識管理的方法，其精神主要為從已往強調資料儲存保存，轉變為因應公司在未來之整體發展上，所需要具備或擁有的知識方面，此將有助於產品與服務之系統與人員能進行有系統的學習。在應變措施被設立在「客戶溝通」中，故其重點在於在偶發狀況時，如何保持提供給客戶的產品與服務之持續性，且應針對可能發生之偶發狀況，進行模擬演練，以確保組織人員確知流程方法且有足夠能力處理。

　　其實，我們可以經此次的改版發現到 ISO 9001：2015 乃從過去偏向建構一套「品質管理系統制度運作」，提升至「經營領導」層次；不再要求過多的文件形式規範，而改採「有效性」作為運作主要考量，更進一步提升企業的落實執行品質。當然，不再以「書面化程序」與「紀錄」等敘述用語規範文件形式，無非是期望使用者在累積過去實務經驗後，了解文件本身只是個記錄，而以何種方式呈現較為適當，則交由使用者自行考量流程與組織型態（如 e-follow 流程也可視同記錄的一部份）。

　　因此，不論是製造業或是服務業之企業，除了在瞭解 ISO 9001 改版的同時，更可以重新掌握其改版的精神，透過 ISO 9001：2015 版之條文的架構，不僅可運用於生產面、服務面、行政面、售後服務..等各方面環結的落實扣連，同時也可以推動企業進行品質管理系統（QMS）之改善與重新建構，以實現企業對品質承諾之境界。

資料來源：摘錄自 myKFC 2018 年 1 月

👤 解說

　　ISO 9001 品質管理系統以「說、寫、做一致」的精神，提供企業組織以系統化思維，進行經營管理。品質是支持產品銷售的重要基礎，堅持品質帶來獲利也能夠養成企業文化。透過 Top－Down 的重視，增進員工感受企業組織是「堅持品質」的。讓員工在處理工作上是重視品質與品質優先，才能夠以落實細節作業確保品質。透過 ISO 9001：2015 版之條文的架構，推動企業進行品質管理系統（QMS）之改善與重新建構，以實現企業對品質承諾之境界。

② 個案問題討論

1. 從《如何善用 ISO 9001：2015 改版，進行品質系統之建構、改善與提升？!》一文企業要進行品質管理系統之改善與重新建構，你覺得可以如何展開？

2. 對於 ISO 9001: 2015 條文增加了組織分析、風險管理、組織知識管理及應變措施等四點重點，你有什麼看法？

前言

本章介紹業界常見的管理系統，其精神與管理上的實務經驗。企業依循管理系統的條文建立管理系統的程序與作法，通過認證也同時取得客戶的認同。很多時候在標案、比案時，看的就是通過多少認證用以反映企業的能力。然而系統標準何其多，如何透過有效的整合達成其效益，也是本章節提出思考的重要議題。同時企業組織如何落實整合性系統推行建立「說、寫、做一致」的管理作法，提昇公司核心競爭力進而反映出獲利，才是系統管理的目的。

 ## 4-1 系統標準的發展與演進

國際標準組織（International Organization for Standardization, ISO）於 1987 年 12 月公布 ISO 9000 系列之品質管理及品質保證標準以來，其目的為確保流通於歐盟境內產品、服務及相關活動的品質。也因國際標準組織提供了一套依循的準則，讓企業、政府行政部門要求依據 ISO 9000 標準進行品質管理作業，同時需接受第二方認證機構執行品質管理系統（Quality Management System, QMS）驗證。也由於 ISO 9000 標準的作法獲得各個國家的認同，因此隨著時間的演進包括 ISO 14001 ／ QC 080000 ／ ISO 14064-1 ／ OHSAS 18001 標準因應而生，也成為品牌廠商對於供應商、代工廠遴選時，基本的要求及評分項目。當產業面臨多種影響企業組織之方針、策略、目標與方策，則需有效的整合性管理系統，有效配置組織的資源運用，用以提升經營績效與市場競爭的優勢。從 1987 年國際標準組織發佈 ISO 9000 品質保證與管理系列之國際標準後，帶動了產業對於經營管理標準化之風潮，同時全球各個國家也轉換成國家標準發行。企業無不以通過管理系統認證，來對客戶與消費者展現品質保證系統的建置與執行的完整性。

ISO 9001：2015 系統

品質管理系統，是依循「說、寫、做一致」精神的一套有效用於品質管理上的系統。從 1987 年 3 月起的初版之建立，每五年會檢討並進行改版。一開始是從採購者立場，為確保產品採購符合需求，而要求製造商依據品質管理系統標準實施各項管理活動，建立了手冊、程序、辦法、表單與記錄四階文件，滿足品質管理系統精神要求。從客戶需求進而展開企業內部在 (1) 管理責任；(2) 資源管理；(3) 產品實現；(4) 測量、分析與改善活動的條文要求項目，使所生產的產品能達成客戶需求與滿意（圖 4-1）。

　　ISO 9001 至今最新版本為 2015 年版，加入永續品質經營的標準。提供自 2000 年主要改版以來，更為穩定的核心要求作法，並使用 ISO 指令 Annex SL 之要求，用以增加對其他 ISO 管理系統標準之相容性。同時以 PDCA 管理循環建構組織環境內管理模式，如 ISO Annex SL 管理系統模式圖所示（圖4-2），以風險思考強化了 (1) 領導、規劃；(2) 支援、營運；(3) 績效評估；(4) 改進之品質活動。

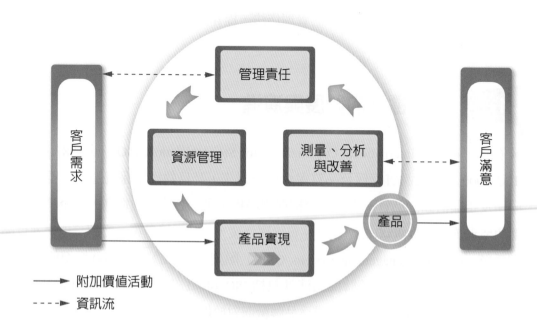

圖 4-1 品質管理系統模式圖

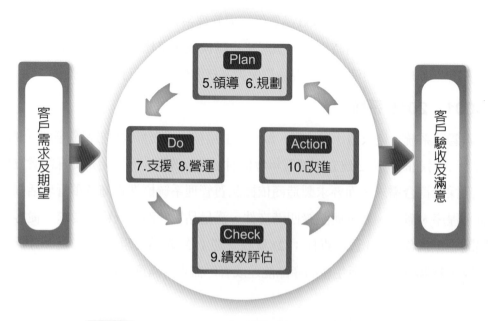

圖 4-2 ISO Annex SL 管理系統模式圖（組織環境）

以高階管理模式的思維，不強調系統文件化的要求，也不設置管理代表一職。在實務作業下，可依實際需要進行設定。強調是企業需了解組織的處境與了解利益團體的需求和期望，達成永續經營的目標。從 ISO 9001：2008 與 ISO 9001：2015 條文對照表，可以清楚對照出其中的改變（表 4-1）。

表 4-1 ISO 9001：2008 與 ISO 9001：2015 條文對照表

ISO 9001：2008	ISO 9001：2015
0. 前言	0. 前言
1. 適用範圍	1. 適用範圍
2. 引用標準	2. 引用標準
3. 用語及定義	3. 用語及定義
新增	4. 組織處境 4.1 了解組織和其處境 4.2 了解利益團體的需求和期望
1.2 適用性 4.2.2 品質手冊（新版條文未提及）	4.3 決定品質管理系統的範圍
4.1 一般要求	4.4 品質管理系統和其流程 4.4.1 根據本國際標準要求，組織應建立、實施、維持和持續改善品質管理系統，包括所需的流程和其相互作用。 4.4.2 需求的範圍
5. 管理責任	5. 領導
5.1 管理承諾	5.1 領導與承諾 5.1.1 概述
5.2 顧客為重	5.1.2 顧客導向
5.3 品質政策	5.2 政策 5.2.1 建立品質政策 5.2.2 溝通品質政策
5.5 責任、權限與溝通 5.5.1 責任與權限 5.5.2 管理代表（新版條文未提及）	5.3 組織的角色，職責和權限
新增	6. 規劃 6.1 處理風險和機會的措施

表 4-1 （續）

ISO 9001：2008	ISO 9001：2015
5.4.1 品質目標 5.4.2 品質管理系統規劃	6.2 品質目標和實現規劃 6.3 變更的規則
6.1 資源提供 6.2 人力資源 6.2.1 概述	7.1 資源 7.1.1 概述 7.1.2 人員
6.3 基礎設施 6.4 工作環境	7.1.3 基礎設施 7.1.4 流程運作環境
7.6 控與量測設備的管制	7.1.5 監控與量測資源
新增	7.1.6 組織知識
6.2.2 能力、訓練與認知	7.2 能力 7.3 認知
5.5.3 內部溝通	7.4 溝通
4.2 文件要求（品質手冊，新版條文未提及）	7.5 文件化資訊
4.2.3 文件的管制	7.5.3 文件化資訊的管制
7. 產品實現	8. 營運 8.1 作業規劃與管制
7.2.3 顧客溝通 7.2 顧客相關的過程 7.2.1 產品相關要求的決定	8.2 產品與服務的要求 8.2.1 客戶溝通 8.2.2 產品與服務要求的決定
7.2.2 產品有關要求的審查	8.2.3 產品與服務要求的審查 8.2.4 變更產品與服務要求
7.3 設計與開發 7.3.1 設計與開發規劃	8.3 產品與服務的設計開發 8.3.1 概述 8.3.2 設計開發規劃
7.3.2 設計與開發輸入	8.3.3 設計開發輸入
7.3.4 設計與開發審查 7.3.5 設計與開發查證 7.3.6 設計與開發確認	8.3.4 設計開發管制
7.3.3 設計與開發輸出 7.3.7 設計與開發變更的管制	8.3.5 設計與開發輸出 8.3.6 設計與開發變更
7.4 採購 4.1 一般要求	8.4 外部供應的流程、產品與服務管制 8.4.1 概述 8.4.2 管制的程度與類型

表 4-1 （續）

ISO 9001：2008	ISO 9001：2015
7.4.2 採購資訊 7.4.3 採購產品的查證	8.4.3 外部供應者資訊
7.5 生產與服務運作 7.5.1 生產與服務提供之管制 7.5.2 生產與服務供應過程的確認	8.5 生產與服務提供 8.5.1 生產與服務提供之管制
7.5.3 識別與追溯性 7.5.4 顧客財產	8.5.2 鑑別與追溯 8.5.3 屬於客戶或外部供應者的財產
7.5.5 產品保存 7.2.1 產品相關要求的決定	8.5.4 保存 8.5.5 交貨後的活動活動 8.5.6 變更的管制
8.2.4 產品之監控與量測	8.6 產品與服務的放行
8.3 不符合產品之管制	8.7 不符合的輸出之管制
8.1 概述 8.2.1 顧客滿意	9. 績效評估 9.1 監控、量測、分析與評估 9.1.1 概述 9.1.2 客戶滿意
8.4 資料分析	9.1.3 分析與評估
8.2.2 內部稽核	9.2 內部稽核
5.6 管理審查	9.3 管理審查
8.5 改進	10. 改善 10.1 概述
8.3 不符合產品之管制 8.5.2 矯正措施 8.5.3 預防措施（新版條文未提及）	10.2 不符合事項及矯正措施 10.2.2 組織應留存文件化資訊作為證據
8.5.1 持續改進	10.3 持續改善

　　而在推動品質管理系統活動過程中，企業基本上都會於品質管理系統組織上設置系統負責人（品質系統工程師），執行推動品質活動事宜。其角色主要編制於品管單位下或直屬最高管理者，於每年進行系統的維護或每三年的換證。

　　系統維護的主要活動包括有：

1. 政策與目標適用性審查：對於系統所制定的政策及目標，檢討是否需依公司營運方針進行適用性調整。

2. 流程績效適用性檢討：公司內部研發、製造、服務……等流程執行績效，檢討是否進行適用性調整。

3. 持續改善活動的檢討：對於系統持續改善活動計劃、方案、執行情況的檢討。

4. 內部稽核員培訓：對於擔任系統內部稽核員安排的系統條文與稽核技巧訓練，記錄訓練結果。

5. 內部稽核展開：依照年度稽核計劃展開內部稽核。

6. 缺失改善與追蹤：針對稽核發現缺失進行改善確認，後續追蹤落實度與是否再發。

7. 客戶滿意度與訴願檢討：對前一週期客戶滿意度調查結果進行檢討，並對未達標項目採取必要的改善作法。

8. 管理審查會議：系統維護年度管理審查會議，檢討系統運行情況。

9. 外部稽核展開：配合系統第三方認證單位，進行第三者外部稽核。

10. 年度活動目標制定：配合公司營運方針，對於新一年度進行年度活動目標制定。

ISO 14001：2015 系統

環境管理系統，強調企業組織應對於「廢空氣、廢水、廢棄物、毒物、噪音」環境影響因子進行測量和改進。此標準提供企業組織系統建置，以產品生命週期的思維在開發、生產、銷售、使用與廢棄過程，發掘影響環境的因子並改進減少對環境的衝擊。環境管理系統亦是持續改善的過程，藉由環境政策、目標設定、環境方案擬定、執行與檢討，用以達成環境改善的實質目的（圖 4-3）。

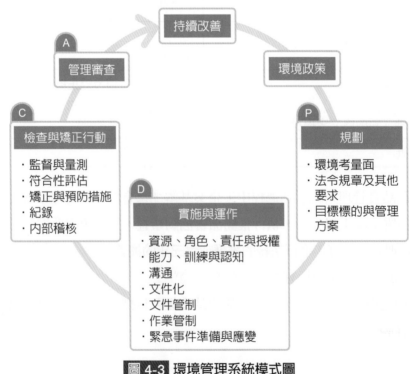

圖 4-3 環境管理系統模式圖

　　同時因應環保意識的抬頭，企業組織面臨來自保險公司、利害相關者、客戶、消費者、法規的要求，直接影響到企業組織的經營（圖4-4）。

　　與 ISO 9001：2015 改版相同，是以高階管理模式的思維，不強調系統文件化的要求；強調是企業組織對於環境的持續改善，達成永續經營的目標。從 ISO 14001：2004 與 ISO 14001：2015 條文對照表，可以清楚對照出其中的改變（表4-2）。

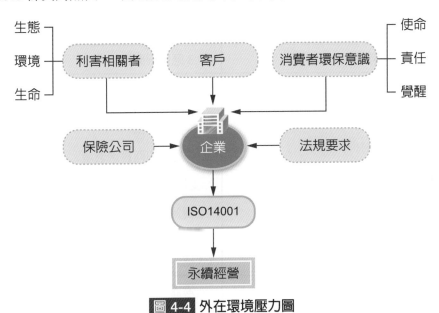

圖 4-4 外在環境壓力圖

表 4-2 ISO 14001：2004 與 ISO 14001：2015 條文對照表

ISO 14001：2004	ISO 14001：2015
0. 前言	0. 前言
1. 適用範圍	1. 適用範圍
2. 引用標準	2. 引用標準
3. 用語及定義	3. 用語及定義
4. 環境管理系統要求事項	4. 組織處境 4.1 了解組織和其處境 4.2 了解利益團體的需求和期望
4.1 一般要求事項	4.3 決定環境管理系統之範圍 4.4 環境管理系統
新增	5. 領導 5.1 領導與承諾
4.2 環境政策	5.2 環境政策

表 4-2 （續）

ISO 14001：2004	ISO 14001：2015
4.4.1 資源、角色、責任及職權	5.3 組織的角色、職責和權限
4.3 規劃（新增）	6. 規劃 6.1 對應風險及機會之行動 6.1.1 通制
4.3.1 環境考量面	6.1.2 環境考量面
4.3.2 法規與其他要求事項	6.1.3 應遵守義務
新增	6.1.4 規劃行動
4.3.3 目標、標的及方案	6.2 環境目標和實現該目標的規劃 6.2.1 環境目標 6.2.2 規劃如何實現環境
4.4 實施與運作	7. 支援
4.4.1 資源、角色、責任及職權	7.1 資源
4.4.2 能力、訓練及認知	7.2 能力 7.3 認知
4.4.3 溝通	7.4 溝通 7.4.1 通則 7.4.2 內部溝通 7.4.3 外部溝通
4.4.4 文件化（新版條文未提及－主要要項與其關聯性以及相關文件參考之說明）	7.5 文件化資訊 7.5.1 通則
4.4.5 文件管制 4.5.4 紀錄管制	7.5.2 制定與更新 7.5.3 文件化資訊的管制
4.4 實施與運作	8. 運作
4.4.6 作業管制	8.1 運作規劃和控制
4.4.7 緊急事件準備與應變	8.2 緊急事件準備與應變
4.5 檢查	9. 績效評估
4.5.1 監督與量測	9.1 監督、量測、分析和評估 9.1.1 通則
4.5.2 守規性評估	9.1.2 守規性評估

表 4-2　（續）

ISO 14001：2004	ISO 14001：2015
4.5.5 內部稽核	9.2 內部稽核 9.2.1 通則 9.2.2 內部稽核計劃
4.6 管理階層審查	9.3 管理審查
新增	10. 改善 10.1 通則
4.5.3 不符合事項、矯正措施及預防措施	10.2 不符合事項及矯正
新增	10.3 持續改善

IECQ QC 080000：2017 系統

電子、電機零件及產品有害物質流程管理系統，是依據電子電器元件和產品危害物質減免標準及要求，並建構在 ISO 9001 的基礎上，考量區域法規、指令、客戶綠色產品相關要求之管理系統。落實有害物質（Hazardous Substance, H3）管理，達成無有害物質（Hazardous Substance Free, HSF）目標。與品質管理系統條文要求相同，需建立政策、目標、法規要求、鑑別客戶需求、產品及製程有害物質之潛在風險的管理。同時依循 PDCA 管理循環持續不斷改善，達到企業組織無有害物質（Hazardous Substance Free, HSF）之目標，從而降低企業經營之風險。

IECQ QC 080000：2017 管理系統對於有害物質的定義，包括法律上或顧客規定的禁止、限制、減少其使用或通報的物質，及依循 RoHS、WEEE 指令及法規所包含會危害人體健康或影響環境安全的物質。IECQ QC 080000：2017 條文也將法規所規定的限用物質濃度符合限值、內部生產污染控制、產品有害物質符合性聲明、產品技術文件、產品工程變更符合要求、不符合召回程序、不符合矯正措施納入，是一套良好有害物質管理的系統。

ISO 14064-1：2018 系統

組織碳排放管理系統，起源於 1996 年國際標準組織與聯合國氣候變化綱要公約委員會共同合作，對於溫室氣體減量的管理制定了國際標準化規範。依據的是 1997 年聯合國相關代表、觀察員所參與議定的京都議定書內容，達成規定工業化國家到 2008 年至 2012 年之間使它們的全部溫室氣體排放量與 1990 年相比至少削減 5%。於 2006 年制定了 ISO 14064 系列標準，包括量測報告查證等標準文件。

以邊界範疇來進行公司組織溫室氣體盤查，類別（GHG inventory categories）分爲六類：(1)直接溫室氣體排放和移除；(2)輸入能源的間接溫室氣體排放（imported energy）；(3)運輸中的間接溫室氣體排放（transportation）；(4)使用產品的間接溫室氣體排放（products used）；(5)與使用產品有關的間接溫室氣體排放（use of products）；(6)其他來源的間接溫室氣體排放（other sources）等。

ISO 14064：2018 所提供之附錄（Annex）A—H 納入相當多的溫室氣體量化參考資訊以解釋或應用標準。分別爲：

A. 用以彙總數據的流程（Process to consolidate data）

B. 直接與間接溫室氣體排放量類別（Direct and indirect GHG missions categorization）

C. 直接溫室氣體排放量化方法之數據選擇、收集及使用之指南（Guidance on the selection, collection, use of data for GHG quantification approach for direct emissions）

D. 生物的溫室氣體排放與二氧化碳移除之處置（Treatment of biogenic GHG emissions and CO_2 removals）- 規範用

E. 電力的處置（Treatment of electricity）- 規範用

F. 溫室氣體排放清冊報告之架構與組織（GHG inventory report structure and organization）

G. 農業與林業之指南（Agricultural and forestry guidance）

H. 鑑別重大間接溫室氣體排放流程之指南（Guidance for the process of identifying significant indirect GHG emissions）

ISO 45001：2018 系統

ISO 45001 於 2018 年 3 月 12 日正式發佈。 新的 ISO 45001 標準與舊版 OHSAS 18001 相似，也等同 ISO 9001：2015 及 ISO14001：2015 採用 Annex SL 高階管理架構，故可進行系統間整合。

職業安全衛生管理系統，透過風險評估與控制、遵守法規及危害預防，有效降低工作場所危險。其主要是順應國際社會情勢對於員工職業健康與安全問題的普遍關注，以標準化方式推進管理活動，達成職業健康與安全法律和自身方針的要求。ISO 45001 是強大而有效的管理系統，用以改善全球工作環境安全，旨在協助全球各種規模的組織與企業改善工作環境安全，並預期減少甚至消除工作場所的危害和相關疾病。

系統條文範疇包括：4.組織所處的環境；5.領導；6.規劃；7.支援；8.運作；9.績效評估；10.持續改進（圖 4-5）。

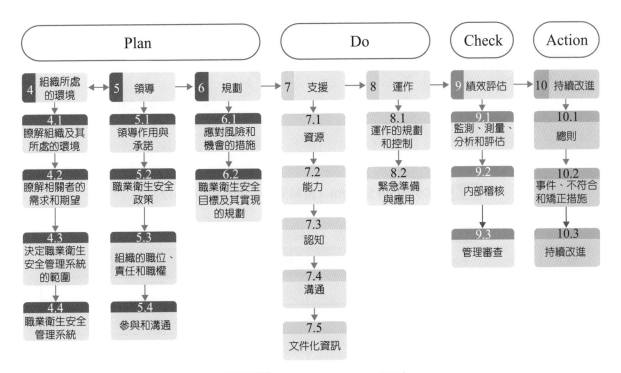

圖 4-5 ISO45001 條文架構圖

4-2 整合性系統管理

　　隨著時間的演進管理系統發展越發多樣，對於公司組織來說也衍生出系統管理上之問題，包括各系統獨立建置該系統文件、文件未有效整合、系統維護管理成本增加與未達系統持續改善目標。包括英國 BSI 組織於 2006 年 8 月依據 ISO Guide 72 的標準，首次發表了 PAS 99：2012 Specification of common management system requirements as a framework for integration 標準建構了 Common System（圖 4-6）提供系統化思考及管理的架構，並於 2012 年 9 月進行改版。

　　依據計劃、執行、檢討、改善（Plan-Do-Check-Action, PDCA）管理循環的模式制定了 Leadership、Planning、Support、Operation、Performance evaluation、Improvement 等 6 個構面整合為一個整體的經營管理系統。同時依據各系統條文的要求整理出系統條文對照表（表 4-3）。

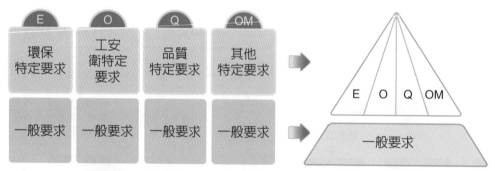

圖 4-6 Common System （資料來源：PAS 99：2012）

表 4-3 系統條文對照表（資料來源：PAS 99：2012）

條文	PAS 99：2012	ISO 9001：2008	ISO 14001：2004
7	Support	6	
7.1	Resources	6.1,6.2,6.3	4.4.1
7.2	Competence	6.2	4.4.2
7.3	Awareness	6.2	4.4.2
7.4	Communication	5.5.1,5.5.3,7.2.3	4.4.3
7.5	Documented Information	4.2	4.4.4
7.5.1	General	4.2.1	
7.5.2	Creating and updating	4.2.3,4.2.4	4.4.5
7.5.3	Control of documented information	4.2.3,4.2.4	4.5.3
8	Operation	7	
8.1	Operational planning and control	7.1	4.4.6,4.4.7
9	Performance evaluation	8	
9.1	Monitoring, Measurement, Analysis and Evaluation	8.2,8.2.1 8.3,8.4	4.5.1
9.2	Internal audit	8.2.2	4.5.5
9.3	Management review	5.6	4.6
9.3	Management review	5.6	4.6
10	Improvement	8.5	
10.1	Nonconformity and corrective action	8.5,8.5.3	4.5.3
10.2	Continual improvement	8.5.1	

可想像後續會有越來越多的系統朝著整合性的架構進行演進與發展，同時更明確以流程方法（Process Approach）驗證進行要求。對於在公司內部負責推動系統的推動單位來說，將有不少需要整合的作業需要進行。包括整合性系統目標、年度品質活動計劃、整合性查檢表（Check List）、系統稽核員／查證員訓練、陪稽人員訓練、依客訴件數進行流程改善等。對於系統活動推行，提供管理作法。

4-2-1　整合性系統架構

為有效提昇企業組織的競爭力，企業推行了全公司品質管制（Company Wide Quality Control, CWQC）〔CNS 12680〕，而其中更是帶入了以「方針管理」為核心的推行作法。以前瞻性的方針提出整合企業的有限資源，用以管理企業相關活動。就是以方針帶動 P-D-C-A 管理循環，來達成企業各階段的目標及獲利的目的。故以全公司品質管制「方針管理」為核心的推行作法與 ISO Annex SL 管理模式進行研

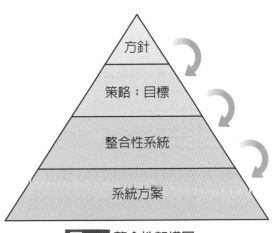

圖 4-7 整合性架構圖

究，都是以方針、企業發展策略、目標、方案為架構的管理方式，為一個整合性架構圖（圖 4-7）。提供系統整合時，同樣以整合性架構進行整合作業。依據 Top-Down 方式提出整合性系統方案，以 P-D-C-A 管理循環進行運作方式，讓企業員工參與改進，用以維護整合性管理系統的有效性、符合性、持續性。

4-2-2　整合性方案執行

公司內部負責推動系統的推動單位，依據公司高層策略展開方針，訂定整合性系統目標。可依據方針、策略、編號、量化指標、項目、負責部門進行目標擬定，整理出整合性系統目標表（表 4-4）。

表 4-4 整合性系統目標表

方針	策略	編號	項目	量化指標	負責部門
重視產品品質，創造企業利潤	落實產品研發、製造過程品質管制	No.1-1	設計標準化執行率	≧ 98%	研發單位
		No.1-2	提昇製造良率	≧ 99%	生產單位

負責部門可依據執行的頻率設定審查（Review）的週期，以每月、每季進行審查的方式進行，並針對未達標的項目，採取改善因應對策，透過指標性方案執行，用以強化策略的落實執行。同時間為有效執行系統活動，讓企業內部相關單位能夠知悉系統活動項目及需要配合的時程，系統的推動單位應於年底前制定新年度系統活動時程表，如表4-5所示，透過內部 e 化公佈欄、平面公佈欄的公告，宣導系統活動項目及時程。

表 4-5 年度系統活動時程表

年度系統活動時程表

項目	活動名稱	年度				
		Jan	Feb	Mar	Apr	May
No.1	整合性系統稽核員／查證員訓練					
No.2	年度整合性系統稽核起始會議					
No.3	年度整合性系統合併稽核					

而對公司存在多個 ISO 9001／ISO 14001／QC 080000／ISO 14064-1／OHSAS 18001……系統時，稽核的進行往往是以 ISO 9001 為主體架構進行，而以 ISO 9001 為基礎架構的其他系統就很容易被忽略了。加上很多現行的公司在進行稽核時，都是以「受稽核單位」進行查檢表（Check List）撰寫及稽核計劃（Audit Plan）的安排。而容易忽略了稽核「作業流程」才是能夠確保系統流程執行的落實度。以流程為考量目的，至於整合性系統內部稽核查檢表則可依據表 4-6 進行流程化內部稽核查檢表制定。

表 4-6 整合性系統內部稽核查檢表

受稽流程：採購流程		稽核條文：7.4／4.4.6		
整合性系統：■ ISO 9001 ■ ISO 14001 ■ QC 080000 ■ OHSAS 18001 參照文件：供應商管理／GP 管理／採購管理				
編號	作業流程／稽核項目	配合部門／條文	稽核結果	稽核記錄
1-1	供應商評鑑流程 對於供應商評估是否制定評分標準與供應商等級	SQE（4.4.6／7.4.1） QA（4.4.6／7.4.1） 採購（4.4.6／7.4.1）	XX	XX
1-2	供應商評鑑流程 供應商是否提供品質／環境／有害物質管理／勞工安全衛生管理系統證書	SQE（4.4.6／7.4.1） QA（4.4.6／7.4／7.4.1） 採購（4.4.6／7.4.1）	XX	XX
2-1	採購流程 採購之原物料是否符合規格及有害物質管理要求	採購（4.4.6／7.4.1） QA（4.4.6／7.4／7.4.1）	XX	XX

　　配合整合性系統合併稽核員（Combined Auditor）資格訓練，依照 ISO 19011：2011 管理系統稽核指導綱要〔CNS 14809： 2004〕於年度訓練計劃安排時進行規劃。依據企業組織所有系統進行出整合性系統名稱，並可考量工作年資及經歷遴選出各單位稽核員，並以 (1) 具資格且已執行過稽核；(2) 完成稽核員資格訓練未有稽核經驗；(3) 年度新培訓稽核員，整理出年度整合性系統合併稽核員資格表（表 4-7）。整合性系統推動單位配合訓練單位的年度訓練計劃，展開稽核員培訓。

表 4-7 年度整合性系統合併稽核員資格表

年度整合性系統合併稽核員資格表

編號	所屬部門	姓名	系統名稱		
			IS 9001	ISO 14001	QC 080000
No.1	研發單位	XXX	●	◎	●
No.2	製造單位	XXX	○	●	○
No.3	採購單位	XXX	◎	○	◎

備註：●具資格且已執行過稽核
　　　◎完成稽核員資格訓練未有稽核經驗
　　　○年度新培訓稽核員

　　人員除了熟悉系統條文要求及熟讀內部文件架構外，更可透過表 4-8 年度稽核提問彙整表了解各單位受稽情況，累積實務的經驗。

表 4-8 年度稽核提問彙整表

稽核系統	受稽單位 / 人名	參照文件	稽核提問	建議事項
ISO 9001	採購 / XXX	P-001 採購辦法	抽問人員對於採購辦法熟悉，對於新進人員是否安排訓練	新人必修課程加入
			是否依照 AVL 對供應商進行定期評鑑	提出定期評鑑計劃

　　並且對於系統稽核缺失的部份，可依年度進行缺失數統計（圖 4-8），用以確認 (1) 內部稽核缺失數；(2) 外部稽核缺失數；(3) 客訴件數統計間的相互對應關係。如果內部稽核缺失數遠低於外部稽核及客訴件數時，將反應出內部稽核執行落實度不夠，無法達成系統執行目的而流於形式。此時就應透過資料收集，從客訴件數的根本原因（Root Cause）所對應的流程進行改善，找出改善對策予以標準化，如圖 4-9 ～ 4-10 所示。進行客訴件數資料收集並透過相關影響因子的樞紐分析，區分流程類別及嚴重等級，透過分析手法及工具找出對策（Solution），就能強化系統流程的作業。

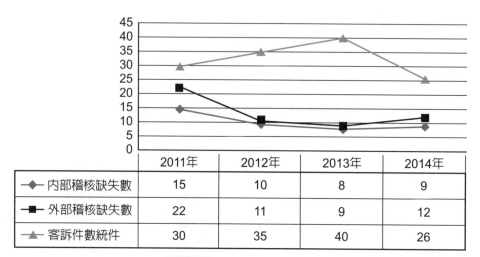

	2011年	2012年	2013年	2014年
◆ 內部稽核缺失數	15	10	8	9
■ 外部稽核缺失數	22	11	9	12
▲ 客訴件數統件	30	35	40	26

圖 4-8 系統稽核缺失圖

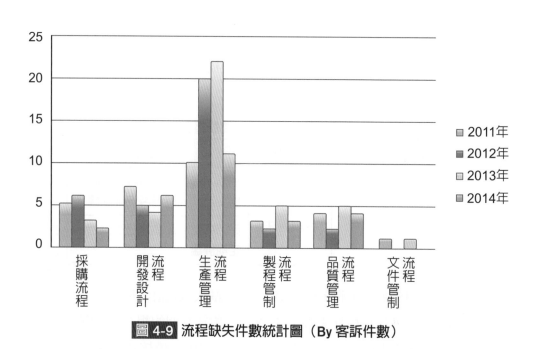

圖 4-9 流程缺失件數統計圖（By 客訴件數）

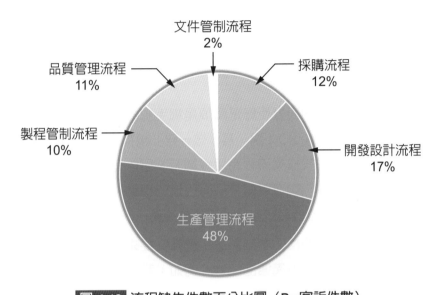

文件管制流程
2%

品質管理流程
11%

採購流程
12%

製程管制流程
10%

開發設計流程
17%

生產管理流程
48%

圖 4-10 流程缺失件數百分比圖（By 客訴件數）

　　以整合性系統的思維落實以流程分別進行相關作業，將有效把目前各自獨立的系統執行做一次性的整併。在各別系統精神下與公司的方針、策略呼應，讓系統自然的在公司組織內運行。減少像是「ISO 系統推行是 QA 的事」、「配合 ISO 系統推行是花我額外時間去應付沒價值」、「講到 ISO 系統就是來找麻煩的」、「怎麼沒多久又來搞什麼 ISO 不是上個月才做過」等聲音，先有內部員工的認同才能夠生產出客戶滿意的產品。

實務小專欄

在企業組織實務運作下,不管是主動或是被動被客戶要求取得系統認證,確實存在多個管理系統。在系統管理精神與條文差異下,更是耗費人力物力去達成系統要求。從ISO Annex SL管理系統模式於2015年提出後,提供一個系統整合的契機,也讓員工更容易有所依循。

因為講到管理系統,員工的直覺反應是麻煩是綁手綁腳的。此時系統管理者扮演重要的推行角色,就是因為ISO「說、寫、做一致」精神,讓大家的做法一致也才有穩定的品質水準。當對於作業流程有所爭議時,可以有共同依循標準。依照共同標準進行新進人員訓練,也可以避免師傅口述的盲點。同一個作業流程到底要符合哪些系統條文要求?透過系統整合也可讓員工第一次就將事情做對。

也由於系統管理者是較其他員工更為熟悉系統條文要求,能夠將「要求」轉換為「協助」考驗著推行者跨部門溝通的能力。例如:我不知道怎麼將日常作業予以文件化,所以我無法如期交出作業辦法。此時就可將原本「要求提交文件」轉換為「協助將文件撰寫完成」的做法,因為很多時候員工只是不知道怎麼開始而不是不願意做。先請權責人員口頭說一遍日常作業過程,再依步驟以文字撰寫下來。確認文件架構符合要求,並請人員依照作業辦法執行一次,驗證內容是否正確。都確認無誤後進行文件發行,日後則交由權責人員負責文件維護。這樣在作系統推行上效果較佳,否則堅持彼此立場是無法做好的。

4-3 章節結論

依據英國 BSI 標準 PAS 99:2012 Specification of common management system requirements as a framework for integration,以及 ISO 9001、ISO 14001 於 2015 年進行的改版,使用 ISO 指令 Annex SL 之要求,用以增加對其他 ISO 管理系統標準的相容性。相關標準共同都提出了整合性系統的概念及作法,讓系統朝著整合的方向邁進。加上對於系統維護與推行的經歷,提出整合性系統目標、年度品質活動計劃、整合性 Checklist、系統稽核員／查證員訓練、陪稽人員訓練、依客訴件數進行流程改善等作法,期許能夠提供系統推動人員參考及思考的依據。雖然說 ISO 相關標準是把公司財務排除於條文之外,但相信落實整合性系統推行將可建立公司核心競爭力進而反映出獲利。

如何活化 ISO 9001：2015 之新創再造及應用價值借鏡矽谷專家的重磅啓示

　　衆所周知 ISO 9001 國際標準（系列），始自 1987 年首版發行迄今，直至今日有效使用之 2015 年版為止，實際上，業已歷經了五個版本的更替。現在各產業界，在品質管理系統實務方面之推展，長期累積的經驗，恐怕也已超過三十個年頭了。如今日之所見，品質管理系統的導入與建置，是否仍以業務掛帥及市場獲證登錄為訴求？還是已轉趨考量在新世紀極度不確定的内、外環境下，組織利用新創想法與作法，在既有的品質管理系統平台上，推動新的且具整合性的管理系統，以更好的工作方式、更優質的產品及／或更快速的服務，來滿足新市場多變的需求及新客戶體驗的價值為上。幾經核對結果，組織多數尚欠缺足供未來或本世紀蓬勃發展之能力，包括：快速實（試）驗、新產品及新商業模式的能力、激勵最有創意員工的能力、不斷投入創新過程的能力及周延管理此等過程，啓動創新成長來源及生產力的能力。

　　符合 ISO 9001：2015 的品質管理系統，必須兼顧「日常管理」與「新創管理」平衡發展的必要性，亦即基礎要明確：「願景、目標、投資人才及長期思考」，務期追求上述兩種管理模式，於實施運作下之最佳平衡與最大綜效：

1. 新創為領先指標，創新會計所當責；日常為落後指標，核定資金所當責。
2. 新創流程高度優化，快速實驗組合；日常流程求統計穩態，確保品質結果。
3. 新創文化接受建設性失敗，當三餐吞下；日常文化不允許失敗，合規避險。
4. 新創作業有賴跨功能團隊，人數以兩張披薩（飽餐量）為優，優化創業思維；日常作業有賴部門功能主管，優化專業思維。

　　果如上述的訴求，逐步呈現的結果，必然導致與品質管理系統之績效與有效性有關指標之正面揚升，市場價值凸顯長期走勢：團隊士氣高昂、不斷自主創新、不斷轉型且持續性成長。

資料來源：摘錄自品質月刊・55 卷 01 期｜ 2019 年 01 月

👤 解說

　　從《如何活化 ISO 9001：2015 之新創再造及應用價值借鏡矽谷專家的重磅啓示》一文將品質管理系統的應用有更鮮明的闡述。強調新創及應用，不再是為了獲得客戶認可去取證，是真正活化 ISO 9001：2015 品質管理系統讓團隊合作不斷自主創新、不斷轉型且持續性成長。

⑦ 個案問題討論

1. 從《如何活化 ISO 9001:2015 之新創再造及應用價值借鏡矽谷專家的重磅啓示》一文你看到哪些活化的應用可以在身處的公司組織內應用？

2. 要推動 ISO 9001:2015 品質管理系統的活化，你覺得可以如何進行展開？

章後習題

一、選擇題

( ) 1. 何為國際標準組織的英文簡稱？ (A) IOS (B) ISO (C) SOS (D) SIO。

( ) 2. 品質管理系統，是依循什麼樣精神所建立？ (A) 品質至上 (B) 產品品質、人人有責 (C) 說、寫、做一致 (D)Top-Down 精神。

( ) 3. 何者不為品質管理系統標準四階文件其中之一？ (A) 規範 (B) 手冊 (C) 程序 (D) 辦法。

( ) 4. 何者不為品質管理系統模式其中之一步驟？ (A) 管理責任 (B) 資源管理 (C) 產品實現 (D) 售後服務。

( ) 5. 何者不為 ISO Annex SL 管理系統模式其中之一步驟？ (A) 領導、規劃 (B) 支援、營運 (C) 績效評估 (D) 成果發表活動。

( ) 6. 環境管理系統所管理企業組織的環境影響因子不包括何者 (A) 廢空氣 (B) 個人舊衣物 (C) 廢水 (D) 廢棄物。

( ) 7. 企業外在環境壓力來源不包括何者 (A) 競爭對手 (B) 客戶 (C) 法規要求 (D) 利害關係者。

( ) 8. 對於整合性架構中 (1) 策略、目標；(2) 方針；(3) 系統方案；(4) 整合性系統的正確步驟為何？ (A) 1234 (B) 4321 (C) 2143 (D) 3124。

二、問答題

1. 請說明何謂品質管理系統精神，及其四階文件名稱為何？

2. 請畫出高階管理模式並說明模式的要點？

3. 品質管理系統之年度系統維護的主要活動包括哪些作業內容？

4. 環境管理系統模式包括哪些作業內容及步驟？

5. IECQ QC 080000：2012 條文制定哪些內容？

6. ISO14064 系列標準有幾種？包括哪些作業內容？

7. ISO 45001：2018 系統條文範疇內容為何？

8. 如何進行整合性系統管理，可採用的管理方式為何？

9. 整合性系統方案的作法包括哪些？其作業內容為何？

10. 哪些統計的指標可以反映出整合性系統管理的成效？

1. 林家五／彭玉樹／熊欣華／林裘緒，《企業文化形成機制——從認知基模到共享價值觀的形成》，人力資源管理學報。

2. 林興龍／李克文／楊朝明／王英鍾／林峻正，《ISO9001：2000 實務與驗證指引》，臺灣檢驗科技股份有限公司。

3. 陳俊華，《製造產業導入 ISO9001 國際品質管理系統之成效分析》，龍華科技大學碩士論文。

4. ISO 9001：2015 Quality management system-Requirements。

5. ISO 14001：2015 Environmental management systems-Requirements with guidance for use。

6. ISO 14064-1：2006 Greenhouse gases-Part 1：Specification with guidance at the organization level for quantification and reporting of greenhouse gas emissions and removals。

7. QC 080000：2012 Hazardous Substance Process Management System Requirements。

8. OHSAS 18000：2007Occupational Health and Safety Assurance Systems。

9. ISO 45001:2018 Occupational Health and Safety Management Systems。

10. 陸正平，《如何活化 ISO 9001:2015 之新創再造及應用價值借鏡矽谷專家的重磅啓示》，品質月刊。

Chapter 5

品質管理功能

學習要點

1. 科技業產品開發生產銷售流程的了解。
2. 企業組織為有效掌握品質所設定品質管理功能單位。
3. 品質管理功能單位的職掌與作業介紹。
4. 品管人員資格認證介紹。

 關鍵字：C Process、VQA、IQC、DQA、QE、IPQC、FQC、OQC、CQA

品質面面觀

證明你的價值

在 2018 年 5 月號標準專欄中，我說過品質管理系統（QMS）常常被高階管理者誤解，認為只是為了維持 ISO 9001 驗證的一項書面作業。品質專業人員常有困難的是要把 QMS 轉換為金錢利益。ISO 10014：2006 – 品質管理 – 財務與經濟利益指南能夠提供幫助，此項標準以相關品質管理原則建構，可供做瞭解財務與經濟利益的指南，如下表所示。

品質管理系統的財務與經濟利益	
財務利益	經濟利益
改進預算績效	增加競爭力
減低成本	改進顧客記憶力和忠誠度
改進現金流動	改進決策的有效性
改進投資報酬	可用資源的最適化使用
改進利益	提高員工當責
改進利潤	改進智慧資本
	最適、有效與效率過程
	改進供應鏈績效
	減少上市時間
	加強組織績效，信用及永續性

針對高層管理者，此項標準使用 ISO 9001：2015 中品質管理原則所分類之自我評鑑方法，從自我評鑑的輸出經由 PDCA 循環，以驅動組織的財務和經濟利益。最近，ISO 10014 改版後，使其對高層管理者更有價值，這樣，對大部分的品質部門與品質必須更加瞭解。我不拿高度成熟像 Malcolm Baldrige 國家品質獎得主的組織參照，而以廣大多數 ISO 9001 驗證組織來參照，這些組織的品質部門常被忽視或被抑低為僅具「符合管理」功能。

品質部門也很重要的是要保持其成本最小及考慮到投資報酬。品質部門的人頭數目與費用 – 品質成本中的評鑑成本 – 須與風險與機會相稱，品質人頭明顯成長是當經濟情

勢良好時並要與組織成比例。隨著成長新的角色被發展出來，例如：以前由品質工程師所掌管的工作現在則分別由進料品質工程師、製程工程師、校正工程師、成品品質工程師，顧客（服務）工程師掌理。組織為了得到創新也用工作的頭銜去留住人才，在大型機構內，發展新客制化過程以特定工作及責任去容納這些新產生的角色。

但是當市場情況突然間變壞時，高階管理者就針對著支授功能縮小的部門，而品質部門首先成為「切肉砧板」。這就造成了客制化 QMS 過程崩潰，因為已再無資源去支持它們。要小心去平衡品質成本的分佈，品質部門才能穩定人才並對品質資源提供較高的財務報酬，下圖顯示了品質部門運作費用的建議分配 − 20% 去確保符合，70% 用於預防課題及 10% 用於管理危機。

圖1：品質部門提議的作業費用

資料來源：摘錄自品質月刊‧55 卷 07 期｜ 2019 年 07 月

👤 解說

在競爭的就業市場環境，如何一出校園就能勝任職場工作，考驗著即將畢業的學子。對於企業組織所需的品管人才應是具有品質管理的專業，同時也需要了解製造程序。品質月刊《證明你的價值》一文從成本的觀點點出品質人應有的態度與價值，提供即將進入職場的學子很好方向。畢竟在就業市場求多於供的情況下，如何勝出取得工作機會，很多時候是端看個人規劃與努力。現在企業提供「做中學（learning by doing）」、「在職訓練（On-Job Training）」的時間越來越短，也唯有個人具有能力並準備好了，才能夠有勝出機會。

🔍 個案問題討論

1. 從《證明你的價值》一文你覺得品管人才應具備哪些能力？
2. 品管人才需要接受哪些專業課程訓練？

前言

本章介紹企業組織在產品的開發、生產與銷售的流程上，如何進行分階段管理。同時為了即時確保潛在影響品質的問題能夠第一時間就發現與處理，公司組織設置品質管理功能單位進行把關。品管人員需要有良好品質觀念與人格特質，作為組織內推動「人人品質」目標的良好種子。

 5-1 產品開發、生產、銷售流程

企業組織存在的目的是「獲利」，為此目的進行產品的開發、生產與銷售。整體的產品生命週期過程包括構想、設計、樣品、試作、試產、量產與產品終止的步驟與流程，科技業界常以 C Process 進行各產品階段的定義。從 (1) C0：構想階段 Product Proposal Phase；(2) C1：規劃階段 Product Planning Phase；(3) C2：設計階段 Product R&D Phase；(4) C3：工程樣品階段 Prototype／Engineering Sample Phase；(5) C4：試作階段 Trial-run Phase；(6) C5：試產階段 Pilot-run Phase；(7) C6：量產階段 Mass Production Phase；(8) C7：產品終止階段 Product Phase out（表 5-1）。

表 5-1 產品生命週期階段表

階段流程	產品階段	作業內容
C0	構想階段	依照市場或客戶需求，將產品的構想提出審核。（包括：產品初步規格、售價、風險評估、技術性與可行性分析）。
C1	規劃階段	提出新產品計劃申請單，並於公司組織內部由各單位審核會簽。（包括：Sales、R&D、製造、採購等單位）。
C2	設計階段	硬體 R&D、Layout、軟體 R&D、機構共同研擬產品設計計劃。（包括：開發時程、測試規格、法規符合、試作數量等）。
C3	工程樣品階段	依照產品設計計劃產出工程樣品，提供測試、驗證、送樣給客戶，用以確認功能的符合。
C4	試作階段	為有效確認生產設備、參數設定、治具工具、副資材與 SOP 符合產品生產的需要，安排少量的試作進行確保及調整。
C5	試產階段	安排批量的試產，最終確認於試作階段所做的生產設備、參數設定、治工具、副資材與 SOP 調整的有效性。
C6	量產階段	依照產品生產工單進行大量生產與出貨滿足客戶與消費者的需求。
C7	產品終止階段	依照產品生命週期規劃進行產品的終止包括 EOL（End of Life）及 EOS（End of Service）

在產品開發階段的過程之中，包括 Sales、採購、R&D、機構、Layout、製造等相關單位接棒進行所負責的職掌作業。將產品的構想具體產品化與商品化，並依產品的特性差異，產品開發可能歷時數個月或數年，過程的技術應用、參數設定、專業技術（Know-How）都有所不同，甚至有高複雜性。但因應產品全球化的關係且市場變化趨勢快，產品生命週期被迫縮減。包括來自市場競爭對手的挑戰，若不能即時反應推出產品就會失去商機與獲利。對於公司組織來說如何滿足市場需要，發展出適合的產品開發組織結構，會直接影響到產品開發流程執行的成效及最終產品的品質好壞。

 ## 5-2 品質管理功能單位

企業組織對於越來越短的產品生命週期同時又要確保產品的品質情況下，於流程上設置品質管理功能單位進行管制（Control）與保證（Assurance）。依照國際標準組織的定義，品質管制（Quality Control, QC）是為了達成品質上的要求所執行的作業性技術及活動，品質保證（Quality Assurance, QA）則是為了對於滿足產品品質水準有足夠信心，所執行的計劃性與系統化的活動。公司組織應將品質管理單位予以獨立，使其能夠發揮「裁判」的功能，千萬不可以球員兼裁判，讓潛在的品質問題流出至客戶手上。

以科技業來說一般的製造流程包括 12 個流程階段：

1. 供應商選擇：原物料、半成品合作供應商選擇。
2. 進料：採買之原物料、半成品由供應商端送至工廠。
3. 產品研發設計：依照公司經營策略或客戶訂單，進行產品研究開發設計。
4. SMT 製程：表面貼焊技術的製造過程。
5. DIP 製程：雙列式封裝零件安裝製造過程。
6. PCBA Test：製程印刷電路板組裝及測試的製造過程。
7. 產品組裝製程：最終產品組裝製造過程。
8. Finish Good Test 製程：最終產品測試製造過程。
9. 產品包裝製程：最終產品包裝製造過程。
10.入庫管理：最終產品送至倉庫存放管理。
11.出貨管理：依照出貨單將最終產品進行出貨作業。
12.出貨至客戶：將最終產品出貨至客戶手上。

整體的過程是以上游流程、內部流程與外部流程區分，設置 (1) VQA 單位；(2) IQC 單位；(3) DQA 單位；(4) QE 單位；(5) IPQC 單位；(6) FQC 單位；(7) OQC 單位；(8) CQA 單位等品質管理流程的功能單位（圖 5-1）。

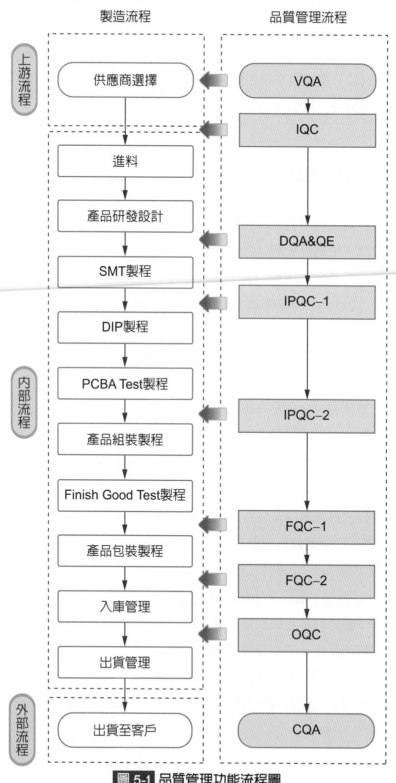

圖 5-1 品質管理功能流程圖

一、供應商品質保證（Vendor Quality Assurance, VQA）

公司組織對於供應商選擇與管理，設置供應商品質保證單位 VQA。其權責為確保對供應商的生產與管理能力具有品質水準，進行包括 (1) 供應商評鑑；(2) 供應商稽核；(3) AVL/AML 供應商登錄；(4) 替代料供應商（2nd Source）稽核；(5) 禁用供應商管理等動作。於新供應商選擇時提供自評表，並安排時間進行評鑑（表 5-2）。

表 5-2　供應商自評表

供應商名稱：XXX 公司		供應商廠址：XXX		
主要產品：XXX 自評說明：請依稽核項目並於自評結果欄位填入 (1) 符合 (2) 基本符合 (3) 不符合 (4) 不適用				
編號	作業流程／稽核項目	自評結果	佐證資料	稽核結果
一、系統化管理				
1-1	是否取得最新版 ISO 9001 系統認證或建置符合條文要求的系統化管理作法	請依自評說明	請提供文件、記錄或相關證明文件	由稽核員填寫
1-2	是否取得最新版 ISO 14001 系統認證或建置符合條文要求的系統化管理作法	請依自評說明	請提供文件、記錄或相關證明文件	由稽核員填寫
二、策略與目標管理				
2-1	公司是否制定經營策略與方針並進行年度目標設定	請依自評說明	請提供文件、記錄或相關證明文件	由稽核員填寫
2-2	公司方針與年度目標是否對內傳達讓員工知悉	請依自評說明	請提供文件、記錄或相關證明文件	由稽核員填寫

供應商自評表的項目制定可以包括 (1) 品質；(2) 交期；(3) 成本；(4) 配合度四個構面進行，同時要以系統化管理方式涵蓋相關內容，並依照主要、次要供應商的選定原則，設定週期性（季、半年、每年）的狀態評比。將評比的分數進行供應商等級區分，可依供應商特性進行如下區分（參考範例如下）：

等級 A：80 分～ 100 分，「優良」供應商，可擴大合作。

等級 B：60 分～ 80 分，「良」供應商，維持合作。

等級 C：< 60 分，「差」供應商，輔導改善或結束合作。

對於現有 AVL/AML 供應商評比結果為等級 C 的供應商，應立即處理與改善。尤其是對於已發生品質問題的供應商要採取措施避免問題擴大，同時應以 E-CAR（External

Corrective Action Report）或供應商輔導報告進行記錄與追蹤改善成效。VQA 有時也需因應品質問題的發生直接至供應商端進行確認，落實三現主義（現場、現物、現實）原則才可有效釐清問題。VQA 人員是負責外部流程保證第一線人員，能夠有效驅動原物料、半成品、成品供應商符合需求規格與品質水準是其主要的職掌。

二、進料品質管制（Incoming Quality Control, IQC）

為了確保原物料、半成品、副資材能夠符合規格與品質水準，設置進料品質管制單位 IQC。其權責是對於來料進行檢驗與驗收，包括 (1) 擬定各類別產品進料檢驗規範；(2) 進料檢驗；(3) 來料無有害檢驗；(4) 特別採用辦法擬定；(5) 退貨作業；(6) 免驗作業；(7) 特採作業。依循進料管制作業流程步驟以及參照對應的文件，進行相關的檢驗判定並留有記錄，提供相關單位的參照與日後查詢的佐證（表 5-3）。檢驗過程所使用的游標卡尺、分離卡、三用電表、示波器等檢驗工具與設備，需通過儀校的校正與校準才可進行檢驗。IQC 人員對於電子零件的檢驗拿取時，同時應佩帶靜電手環並與工作站同時正確接地，避免人體靜電於接觸時造成電子零件的損壞。對於具有電磁干擾（EMI/EMC）特性的零件，需列為必要檢驗的零件，不可設定為免驗零件種類。對於濕度有特別要求的濕敏零件，則是需要特別留意檢驗環境與儲存。

表 5-3 進料管制作業表

作業流程	系統	作業權責	參照文件
供應商 → 進料/退料/特採 → 檢驗通 (PASS/Fail) → 無有害物檢驗 (PASS/Fail) → 結單 → 入庫	供應商管理系統	擬定各類別產品進料檢驗規範與有害物檢驗規範	供應商管理辦法
	進料管理系統	管制進料的驗收、退料或特採	進料檢驗作業辦法／退貨管理作業辦法／特採作業辦法
		各類別產品進料檢驗規範進行檢驗與判定	產品進料檢驗規範
		各類別產品有害物檢驗規範進行檢驗與判定	有害物檢驗規範
		依照作業辦法進行進貨單結單	進料檢驗作業辦法
	AS/RS 管理系統	依照作業辦法進行料件入庫	倉庫管理作業辦法

IQC 人員對於供應商來料的檢驗，需依循公司組織所制定抽樣檢驗辦法執行。業界常以美國 ANSI/ASQ Z1.4 表進行允收水準抽樣，相關說明如下：

個別符號表示：

X：抽樣樣本中，累積之不良品數。

n：抽樣樣本之大小。

Ac：抽樣之允收數。

Re：抽樣之拒收數。

抽樣允收判定準則：

當 X ≧ Re 時，人員拒收此批來料。

當 X ≦ Ac 時，人員接受此批來料。

人員作業依循 ANSI/ASQ Z1.4 表進行之查詢步驟：

1. 依原料品質特性 AQL 表（表 5-4）或客戶檢驗標準，決定允收水準（Accept Quality Level, AQL）。
2. 決定檢驗水準（一般為 II 級）。
3. 確認原料批量大小。
4. 查詢樣本大小代碼表（表 5-5）找出對應樣本大小代碼。
5. 決定使用的抽樣方法。
6. 查詢 AQL 允收水準（正常檢驗）（表 5-6）找出適當之抽樣計劃。
7. 進行原料檢驗並做出允收／拒收之判定。
8. 同時可依原料檢驗之紀錄，進行加嚴或減量之檢驗。

表 5-4 原料品質特性 AQL 表

原料分類	料號編碼	AQL 水準
主控原件類	A1XXX	1.0
被動原件類	B1XXX	0.65
機構原件類	C1XXX	0.65
包裝原件類	D1XXX	0.45

表 5-5　樣本大小代碼表

樣本代字

批量	特殊檢驗水準				一般檢驗水準		
	S-1	S-2	S-3	S-4	I	II	III
2 ～ 8	A	A	A	A	A	A	B
9 ～ 15	A	A	A	A	A	B	C
16 ～ 25	A	A	B	B	B	C	D
26 ～ 50	A	B	B	C	C	D	E
51 ～ 90	B	B	C	C	C	E	F
91 ～ 150	B	B	C	D	D	F	G
151 ～ 280	B	C	D	E	E	G	H
181 ～ 500	B	C	D	E	F	H	J
501 ～ 1200	C	C	E	F	G	J	K
1201 ～ 3200	C	D	E	G	H	K	L
3201 ～ 10000	C	D	F	G	J	L	M
10001 ～ 35000	C	D	F	H	K	M	N
35001 ～ 150000	D	E	G	J	L	N	P
150001 ～ 500000	D	E	G	J	M	P	Q
500001 ～ 以上	D	E	H	K	N	Q	R

表 5-6　AQL 允收水準（正常檢驗）

ANSI/ASQ Z1.4正常檢驗單次抽樣

樣本大小代碼	樣本大小	0.010	0.015	0.025	0.040	0.065	0.10	0.15	0.25	0.40	0.65	1.0	1.5	2.5	4.0	6.5	10	15	25	40	65	100	150	250	400	650	1000

AQL品質允收界限（正常檢驗）　AC RE

↓　使用箭頭下第一個抽計畫，如樣本大小等於或超過批量時，則用100%檢驗。

↑　使用箭頭上第一個抽計畫。

AC 允收數。

RE 拒收數。

三、設計品質保證（**Design Quality Assurance, DQA**）

公司組織對於 R&D 人員所設計產品的功能品質的保證，設置設計品質保證單位 DQA。其權責為進行包括 (1) 產品功能驗證；(2)MTTF（Mean Time To Failure）/MTBF（Mean Time Between Failure）預估與評估。產品功能驗證需依照外部規格（External Specification）與內部規格（Internal Specification）所擬定的產品測試 DVT 計劃（Product Design Verification Test Plan）執行，並於測試完成後提出 DVT 報告（Product Design Verification Test Report）（表 5-7）。

表 5-7 產品 DVT 測試項目表

No.	測試項目	測試說明
1.	H/W 基礎功能驗證	依照外部規格／內部規格擬定硬體基礎功能驗證項目，用以確認量測值、參數、影響因子、關鍵指標皆能夠符合設計規格與水準，滿足客戶需求。
2.	S/W 基礎功能驗證	依照外部規格／內部規格擬定軟體基礎功能驗證項目，用以確認驅動硬體裝置的功能、參數設定皆能夠符合設計規格與水準，滿足客戶需求。
3.	整合性功能驗證	硬體與軟體進行整合性測試驗證，確認符合設計規格與水準，滿足客戶需求。
4.	電磁干擾（EMI/EMC）驗證	驗證電機設備和電子產品在使用過程中可能產生電磁輻射，避免干擾其他設備之正常運作，甚至影響人體健康。
5.	安規（Safety）驗證	為產品使用安全的驗證。需符合各國規範與標準（例如：北美 UL、歐盟 CE）。

對於所設計產品的功能品質測試驗證，其主要目的是將設計上潛藏會影響產品品質之問題，於第一時間檢出並有效解決改善。對於每一個 Open Issue 皆需設定負責人（Person in Charge, PIC）與截止日期（Due Date），才能夠讓問題於時效內解決與結案（表 5-8）。

表 5-8 產品 DVT 測試缺失追蹤表

No.	測試項目	缺失內容	PIC	Due Date
1.	H/W 基礎功能驗證	產品於連線功能測試時，有中斷連線情況發生（5 次／小時）。		2017/1/11
		主控 IC Q12 於功能時發現溫度超過標準值，有過熱情況（量測值 89℃）。		2017/1/11

表 5-8 （續）

No.	測試項目	缺失內容	PIC	Due Date
2.	S/W 基礎功能驗證	Software v1.0 測試驗證，於 Setting 功能鍵點選無法動作。		2017/2/20
		Software v1.0 測試驗證，於工作表切換 2 次出現當機情況（藍底白字）。		2017/2/20
3.	整合性功能驗證	產品與外殼組裝上，發生 Connect-1 出現干涉情況卡榫無法卡住。		2017/2/25
		模擬使用者操作功能無法正常動作（延遲 2 mins 顯示）。		2017/2/25
4.	電磁干擾（EMI/EMC）驗證	Device v1.1+Software v1.0 EMC 測值超標，結果 Fail。		2017/3/1
5.	安規（Safety）驗證	Device v1.1+Software v1.0 Safety CE 測值超標，結果 Fail。		2017/3/30

對於修復成本過高的產品類型（例如：燈泡損壞修復成本高，會以更換新燈泡進行處理）以平均失效前時間 MTTF（Mean Time To Failure）進行估算。其生命週期時間長短與產品使用週期相關，不包括產品老化失效。

計算表示說明如下：

N_o：不可修復產品數量

T_i：於相同測試條件下，測得的生命週期時間（$t_1, t_2, t_3......t_0,$）

$$\text{MTTF} = \frac{1}{N} \sum_{i=i}^{N_o} T_i$$

對於可修復的產品類型以平均失效間隔時間 MTBF（Mean Time Between Failure）進行估算，一般區分為可靠度驗證試驗（Reliability Demonstration Test）或壽命預估（Life Prediction）。可靠度驗證試驗是以高溫加速試驗的模式進行，以實驗結果與統計數據實際驗證產品之平均失效間隔時間，此種讓數據說話的方式較能證明結果的正確性。但試驗所花的時間成本與樣品機台成本偏高，則是公司組織需考量的。另外是以壽命預估（Life Prediction）方式進行，由零件參數或由零件量測所得之溫度作為基礎，採用 MIL-HDBK-217 或是 Bellcore TR-332 標準，可快速獲得 MTBF 值。但此作法還是有潛藏著缺點，主要是隨著時間演進零件技術與規格會有所精進，但預測方法並未隨著零件或產品的演進而更新，且零件於組成系統後，無法模擬線路電壓、電流、阻抗等因素，而在資料的信賴水準上存在討論的空間。MTBF 計算表示說明如下：

將受測品於 40℃～ 50℃運作，同時加入電子應力進行測試

p Gi：Failure Rate　　　　　　　　p Qi：Device Quality Factors

p Si：Stress Factors　　　　　　　　p Ti：Temperature Factors

l BBi(10-9)：p Gi*p Qi*p Si*p Ti　　　l BBi：l BBi(10-9)*Q′ty

Total Failure rate：$\Sigma\,$I i, i = 1 to n(n：Number of Components)

四、品質工程（Quality Engineering, QE）

公司組織對於 R&D 人員所設計產品的可靠度品質保證，設置品質工程單位 QE。其權責為進行包括 (1) 產品環境試驗；(2) ORT（On-Going Reliability）測試。產品環境試驗主要是依照最終使用者（End User）對於產品使用所處環境的模擬，同時包括產品從生產端至客戶端所經歷的運輸、儲存等環境條件。個別產品的測試項目與條件的設定，可以從外部規格（External Specification）與內部規格（Internal Specification）獲得（表 5-9）。

表 5-9 產品環境試驗項目表

測試項目	測試條件（參考）	測試目的
Temperature/Humidity Test	Refer to IEC 68-2-2 Standard Temp：－ 5℃～ 55℃ Humi：50%～ 60%	模擬產品運輸、儲存的環境條件，確保產品在此條件下能正常運作。
Drop Test	Refer to ASTM D5276、JESD22-B111、IEC 68-2-32 及 CNS-13215-C6354 Standard Drop Height：Base on weight set （Ex：≦ 10kg 97cm） Test Method：1 Corner、3 Edges、6 Faces	模擬產品運輸過程因裝載或搬運不慎造成掉落地面所遭受之撞擊，包括包裝狀態或手持型產品。
Vibration Test	Refer to ISTA 2A 2001、IEC68-2-64 Standard Test frequency：2Hz，4Hz，100Hz and 200Hz PSD Level：0.0001～ 0.01 G2/Hz Test duration：30 minutes for each axis Test the axis：X，Y and Z	模擬產品在運輸、安裝及使用環境中所遭遇到的振動影響，評估產品在不同震動環境下之耐震動能力。

ORT（On-Going Reliability）測試則是於產品量產階段，進行的 MTBF（Mean Time Between Failure）/MTTF（Mean Time To Failure）的監控驗證。依照產品的特性進行批量性、週期性的抽驗，確保的目的如下說明：

1. 確認產品量產後具有一致性的品質。

2. 為了防止零件或製造過程有任何的品質偏差。

3. 為了測量、了解與解決產品的可靠度與失效。

4. 為了監控製造商與供應商處理偏差的積極性。

五、製程品質管制（In Process Quality Control, IPQC）

產品於試作階段、試產階段、量產階段的品質管制，設置製程品質管制單位 IPQC。其權責為落實品質管制，適時的反應出品質問題。即時發現製程品質問題並予以解決，確保出貨產品品質水準。依循 ANSI/ASQ Z1.4 表進行允收水準抽樣，對於首件進行檢驗（First Article Inspection, FAI），確認品質水準能否滿足規格要求。對於 SMT 製程及 PCBA Test 製程的 IPQC 檢驗，則需依照產品規格進行檢驗規範制定。每日的檢驗需確實記錄，提供統計分析追蹤生產品質（表 5-10）。

表 5-10 IPQC 每日檢驗紀錄表

日期	2017/2/1	2017/2/2
生產線編號		
工單號碼		
機種名稱		
AQL Level		
送檢總數		
抽驗數		
不良數		

檢驗合格批由 IPQC 人員於送驗流程卡上蓋上合格（Passed）的印章，不合格批則需進行判退（Reject）並填寫不良品通知單（表 5-11）進行異常處理。

表 5-11 不良品通知單

機種名稱	檢驗日期	AQL evel	工單號碼	送檢總數	抽驗數	不良數	不良率
問題描述							
對於問題確實描述，人事時地物資訊不可少，輔以相關紀錄與照片。							
不良真因							
列出造成問題發生的真因。							
不良品處置							
對於不良品的處置應包括成品／半成品／再製品範圍。							
預防再發							
依據問題發生的真因，提出預防再發作法。							

六、最終品質管制（Finial Quality Control, FQC）

產品於量產階段的品質管制，設置最終品質管制單位 FQC。其權責為落實最終產品品質管制，為產品入倉庫的最終檢驗關卡。依循 ANSI/ASQ Z1.4 表進行允收水準抽樣，並設定 FQC 檢驗項目進行（表 5-12）。此階段的檢驗與 IPQC 階段不同，屬於最終產品階段的檢驗不進行相關的電性測試。

表 5-12 FQC 檢驗項目查檢表

機種名稱	檢驗日期	AQL evel	工單號碼	送檢總數	抽驗數	不良數	不良率
項目	FQC 檢驗項目						結果
1.	外殼是否變形，髒污，或組裝有間隙？						（Y／N）（詳情）
2.	產品搖晃是否有異音？						（Y／N）（詳情）
3.	產品配件是否齊備？（與產品配件清單進行比對）						（Y／N）（詳情）

七、出貨品質管制（Outgoing Quality Control, OQC）

產品於廠內階段的品質管制，設置出貨品質管制單位 OQC。其權責為落實產品出貨品質管制，為產品出倉庫的最終檢驗關卡。依循 ANSI/ASQ Z1.4 表進行允收水準抽樣，並設定 OQC 檢驗項目進行（表 5-13）。此階段是從庫房進行抽樣檢驗，並不會進行拆箱電性測試。檢驗合格批由 OQC 人員於出貨檢驗表進行記錄，不合格批則需進行判退（Reject）並填寫不良品通知單（表 5-11）進行異常處理。

表 5-13 OQC 出貨檢驗表

檢驗批號	產品料號	檢驗項目			結果
		料號正確性	出貨資訊正確性	包裝與數量正確性	

八、客戶品質保證（Customer Quality Assurance, CQA）

公司組織為了最終使用者（End User）及客戶對於產品的訴怨能夠有效處理，設置客戶品質保證單位 CQA。依據訴怨的內容進行問題重現、分析驗證，同時依據真因驗證的結果找出負責的權責單位，徹底進行改善與後續的預防再發作業。對於客戶訴怨應設置問題等級與處理時效，越嚴重問題應立即處理避免問題範圍擴大（表 5-14）。由 CQA 主導問題處理依據 8D（Eight Disciplines Problem Solving, 8D）問題解決作法進行，並將結果以客戶的 Issue 追蹤表格或 CCAR（Customer Corrective Action Report, CCAR）回覆客戶進行結案（表 5-15）。

表 5-14 客戶訴怨問題等級與處理時效表

問題等級	定義說明	處理時效
嚴重問題	訴怨問題已經影響到人身安全（例如：產品燒機…）	1 天
主要問題	訴怨問題為產品功能不良（例如：無法開機…）	5 天
次要問題	訴怨問題為不影響產品功能運作的問題（例如：外觀刮傷…）	10 天

表 5-15 CCAR 範例表

客戶	XXX	產品	SPS-001	日期	2017/1/1
問題	SPS-001 產品上蓋螺絲柱子斷裂				
審核者	P/N：XXX	確認者	XXX	製作者	XXX

成立問題解決小組 Form The Team

組織內成員：生產 / 品保 / 機構 / IQC / VQA
組織外成員：供應商業務 / 供應商 PM / 供應商品管

問題描述 Describe The Problem

產品 SPS-001 於可靠度落下試驗後，發現上蓋螺絲柱子斷裂。（不良率：10/10，100%）

短期對策 Containment Action

1. 現有 Case 庫存清查：
   (1) 清查成品、半成品、線邊倉庫，產品 SPS-001 已無庫存（1/28 完成）。
   (2) 清查廠內原物料倉，上蓋（P/N：XXX）合計 315 pcs 已由供應商召回報廢處理（1/28 完成）。
2. 已出貨品清查：
   (1) 清查美國地區合計 2555 pcs，將產品運至墨西哥 RMA 據點重工更換。
   (2) 清查日本地區合計 1011 pcs，將產品運至臺灣 RMA 據點重工更換。

真因分析及驗證 Define & Verify Root Cause

經機構工程師與供應商問題分析結果如下：
1. Case 結構分析：
   螺柱尺寸與設計圖面規格相符但四條螺柱無輔助的加肋條，易於射出。成型條件控制不佳時於鎖附螺絲造成螺絲柱斷裂。
2. 螺絲成型分析：
   (1) 螺絲成型時，鎖附銅柱長 10mm 螺柱長 17mm，存在 7mm 的斷差。會造成應力的殘留，易於鎖附過程造成此處斷裂。
   (2) 銅螺母由於 CNC 加工所使用的惰性切削油未清除乾淨，而造成融合上的異常。

研擬對策 / 分析對策 Identify&Verify Corrective Action

1. 設計結構改善：螺柱增加 2 條加強，筋強化平行受力。
2. 螺母製造過程增加漬油清洗程序。
3. 更改螺母尺寸由 10mm 加長至 15mm。
4. 更改設計後的螺絲進行的落下、拉力、震動測試結果 Pass。

長期對策 / 實施結果確認 Permanent Corrective Action

1. 螺絲規格圖更改，並定義於承認書內。（2/1 完成）
2. 增加螺母漬油清洗流程於供應商作業 SOP 內。（2/1 完成）
3. 更改螺母尺寸由 10mm 加長至 15mm。（2/1 完成）
4. IQC 進料檢驗增加 10kg 拉力測試。（2/1 完成）

再發防止 Prevent Recurrence

1. 供應商依據改善後 SOP 作業，完成漬油清洗流程並通過供應商品保檢驗才可出貨。
2. 進料檢驗需通過 10kg 拉力測試及落下測試，才可驗收該批原物料。

結論 Summary

供應商改善後的 Case 料件，通過拉力測試檢驗符合規格要求。

5-3 品管人員資格認證

　　企業組織對於品管人員資格認定，一般會要求接受過相關的品質課程訓練，能夠通過品質的相關資格認證。除了主管機關、學術單位、顧問公司會舉辦相關的研討會或訓練課程外，國內像是財團法人學會皆有相關的資格認證。對於有意從事品保相關工作的社會新鮮人來說，是累積能力的方式之一（表5-16）。

表 5-16 品質人員資格認證表

認證名稱	辦理單位	資格要求	考試方式	舉辦時間
品質技術師（CQT）	中華民國品質學會	曾修習品質課程3學分或四十小時以上，持有證明，並具備「學歷」及畢業後實際從事有關品管工作年資者（畢業前之工作年資均不予計算，年資計算至考試日期為止）。	考試科目分為甲、乙兩個單元，其各單元之子題如下： 甲單元： 1. 基本統計 45% 2. 管制圖與製程管制 40% 3. 品管七手法 15% 乙單元： 1. 抽樣計畫 25% 2. 檢驗與測試 15% 3. 品質概念 60% 　・品質基本概念 10% 　・國際品保制度、品管組織與標準化 20% 　・產品安全、進料管制、品質稽核 15% 　・品管小組活動、提案改善、品質成本 15% 每一單元以 100 分為滿分，成績在 60 分（含）以上者為合格。	每年 6 月、9 月及 12 月。

表 5-16 （續）

認證名稱	辦理單位	資格要求	考試方式	舉辦時間

品質工程師（CQE）	中華民國品質學會	具備下列條件之一者：
		1. 已考取本學會品質（品管）技術師證書滿三年者。
		2. 修習品管課程三學分以上或曾在國內外公私機構修習品管相關課程四十小時以上，且持有證書者。並具備「學歷」及「教育類別」相關之畢業後相關工作年資者（畢業前之年資均不予計算，年資計算至考試日期為止）。
			考試科目分為甲、乙兩個單元，其各單元之子題如下：
			甲單元：
			1. 統計方法 30%
			2. 設計開發品保，可靠度與維護度 20%
			3. 管制圖與製程管制 25%
			4. 抽樣計畫 25%
			
			乙單元：
			1. 實驗計劃及田口式品質工程 20%
			2. 相關與迴歸分析 10%
			3. 檢驗與測試 10%
			4. 品質管理 60%
			  · 國際品保制度、品管組織與標準化 15%
			  · 品質成本、品質稽核、採購品保、資訊系統 15%
			  · 產品安全與責任、品質計劃與改進、人性因素 15%
			  · 品管小組活動、提案改善、品管七手法 15%
			
			每一單元以 100 分為滿分，成績在 60 分（含）以上者為合格。
				每年 6 月、9 月及 12 月。

表 5-16 （續）

認證名稱	辦理單位	資格要求	考試方式	舉辦時間
可靠度工程師（CRE）	中華民國品質學會	具備下列條件之一者： 1. 已考取本學會品質工程師證書者。 2. 曾修習可靠度（品管）課程三學分或四十小時以上，持有證明者，並具備「學歷」之畢業後可靠度（品管）相關工作年資者（畢業前之年資均不予計算，年資計算至考試日期止）。	考試科目分為甲、乙兩個單元，其各單元範圍如下： 甲單元： 1. 可靠度管理 25% 2. 零件選用與管制 20% 3. 失效分析與改善 20% 4. 設計審查 20% 5. 人性因素與產品安全 15% 乙單元： 1. 可靠度數據分析 20% 2. 系統可靠度模式 12% 3. 可靠度目標訂定與配當及成長管理與驗證 18% 4. 可靠度預估 10% 5. 可靠度設計分析 10% 6. 可靠度試驗與評估 16% 7. 維護度與後勤分析 14% 每一單元以 100 分為滿分，成績在 60 分（含）以上者為合格。	每年 6 月及 12 月。
工業工程師	中國工業工程學會	本證照考試限符合以下身份之一者報考： 1. 於國內外專科以上學校，修習欲報考科目課程或相關課程並取得學分且有證明文件者。 2. 曾從事相關之服務經驗，且能提供服務證明者。 3. 曾在國內外學校或公司機構修習該課程，且持有結業證書者。	須通過下列兩科必考科目及其中一科選考科目： 必考科目：生產與作業管理、品質管理 選考科目：設施規劃、工程經濟、作業研究、工作研究（每年一月考）、人因工程（每年六月考） 成績評定：每一科目以 100 分為滿分，成績 60 分（含）以上者為及格。	每年 1 月及 7 月。

表 5-16 （續）

認證名稱	辦理單位	資格要求	考試方式	舉辦時間
品質管理技術師	中國工業工程學會	本證照考試限符合以下身份之一者報考： 1. 於國內外專科以上學校，修習欲報考科目課程或相關課程並取得學分且有證明文件者。 2. 曾從事相關之服務經驗，且能提供服務證明者。 3. 曾在國內外學校或公司機構修習該課程，且持有結業證書者。	須通過下列必考科目： 必考科目：品質管理 成績評定：每一科目以 100 分為滿分，成績 60 分（含）以上者為及格。	每年 1 月及 7 月。

　　另外企業組織在遴選品保人員時，也會考量是否具備適合該職務的人格特質。由於在內部是擔任裁判者的角色，故需具備良好領導力、高學習力、高 EQ 擅長協調溝通等特質，需充分學習與了解客戶需求、產品規格、產品功能，才能夠對於產品進行檢驗與測試。而對於發現的問題應領導團隊成員去處理與解決，就可避免品保人員給人「找麻煩」的角色既定印象。產品品質人人有責，但品保人員有絕對的責任與擔當，促進品質問題的解決與改善。

實務小專欄

不同的企業組織對於品保 / 品管 的功能名稱都還是有差異，但都是要發揮「品質管制」與「品質保證」的目的。品保 / 品管的人員除了具有裁判者的人格特質外，更是要經過訓練與資格認證。同時應學有統計、管理手法與善用管理工具的能力，才可依據資料數據反應結果與趨勢。

在品質管制與保證的實務作業上，常會使用 (1) 柏拉圖；(2) 特性要因圖 (魚骨圖)；(3) 直方圖； (4) 層別法；(5) 查檢表；(6) 散佈圖；(7) 管制圖等品管七大手法。尤其為有效收集與掌握會使用 X-R 管制圖、X-Rm 管制圖、P 管制圖進行統計，留有完整的品管記錄進行分析。

為有效分析與追溯，配合使用像 MiniTab 軟體、製造工程管理系統或是資訊管理人員進行程式開發，都是在實務作業上較為有效率的方式。

 5-4 章節結論

　　企業組織對於越來越短的產品生命週期同時又要確保產品的品質情況下，在產品的生命週期過程設置品質功能單位進行產品品質的管制（Control）與保證（Assurance）。不論是內部流程亦或是外部流程，品保人員應發揮裁判者的角色對於潛在的品質問題進行把關與解決。通過認證人員將可有效發揮專業能力，全面提升品質水準。

品質管理專業人員的基本修煉

　　醫療品質是醫療服務體系的核心價值，「追求卓越，提升品質」已成為各醫療院所共同努力的目標。落實品質改善不僅僅是醫院的責任，也是所有臨床單位的責任。在進行品質改善專案過程中，小至單位內部改善，大至跨單位、跨流程的品質改善，都會有負責推動醫療品質改善的專責單位（例如：品質管理中心）的品管專業人員扮演溝通協調角色，輔導單位進行品質改善工作。品質管理是一門專業學問，從事品質管理工作的人員，通常稱為品質管理師，須受過專業訓練，如：生物統計、流行病學、資料處理分析、專案設計管理、人際溝通、品管方法（如：品管圈（QCC））、醫療照護失效模式與效應分析（HFMEA）、根本原因分析（RCA）、醫療品質改善突破手法(BTS)、精實管理（LEAN）、六標準差（6-Sigma）、團隊資源管理（TRM）等，才能有效推動品質改善專案。美國醫療品質協會（National Association for Healthcare Quality）於 2015 年出版品質改善指引，告訴執行品質改善的專案人員須注意的事項及必備的專業技能。

　　進行品質改善專案涵括以下三大層次，分別為「採用科學方法」、「專案管理」、「組織文化與流程變革」。為達成每個層次的目標，品質管理師及主管都必須具備一些基本能力。

1. 採用科學方法

　　首先，進行品質改善專案應評估適合採取何種方法，才能達成最大效益，並搭配適當品質改善工具，評估流程是否須重新設計。管理師須懂得善用知識資源，如：電子病歷、臨床資料庫、外部同儕資料、文獻瀏覽等，呈現目前現狀與辨識改善機會。專案執行中，能設立假說、選取適當的測量工具及統計方法，展現資料分析及統計的專業知識，透過數據結果可支持決策。最後，使用視覺化工具，如：圖表、儀表板、品質報告卡等，傳達品質改善結果供主管知悉。

2. 專案管理

　　專案一開始時，首先應根據組織宗旨、願景、價值觀、策略目標或營運考量，定義專案需求與預期效益，以確保一致性。規劃專案時，應採用專案管理方法，包括：機會聲明、目標、改善範圍、時程表、風險、成本及選定品質測量工具等。依據專案時程管理工作進度，以確保專案能根據計劃目標繼續向前邁進。此外，應定期追蹤並向所有利益關係人報告專案進展，若執行中產生困難可適時發出警訊。

3. 組織文化與流程變革

    執行專案主要目的就是希望提升組織文化，始能持續改善並維持最佳成效，應向各相關單位傳達清楚、一致、適當的願景與期望成果，持續性使用各種工具去監測品質改善進度。品質改善的投資會牽涉醫院資源的投注，當階段性完成專案時，須評估其效益，並向醫院適時展現投資的效益，若過程中遭遇阻礙，須找出障礙點努力突破。品質改善鼓勵當責文化，品質管理師的角色僅為協助單位進行改善，當品質改善完成後，仍須靠單位負責任地維持改善成果，品管專責單位必要時須提供有關單位訓練。

    資料來源：摘錄自品質月刊．53 卷 08 期｜ 2017 年 08 月

👤 解說

「醫療品質」是醫療服務體系的核心價值，「追求卓越，提升品質」已成為各醫療院所共同努力的目標。這樣的論述讓我們知道，並不是只有科技業、製造業在講求品質，醫療業也是重視的。該實例涵括以下三大層次，分別為「採用科學方法」、「專案管理」、「組織文化與流程變革」。品質改善專案的展開，是以量化指標監測與專案的推動管理，最後形成文化。品質管理專業人員是公司組織推動改善重要的種子，品質是否能夠發芽茁壯，仍需全員參與落實展開。

❓ 個案問題討論

1. 從《品質管理專業人員的基本修煉》一文你覺得企業組織如何去培養人才？
2. 品管人才需要接受哪些專業課程訓練？

章後習題

一、選擇題

(　　) 1. 對於產品生命週期階段中 (1) 規劃；(2) 構想；(3) 量產；(4) 設計的正確流程步驟為何？　(A) 1234　(B) 4321　(C) 2143　(D) 3124。

(　　) 2. 科技業製造流程一般不包括哪個階段？　(A) DIP 製程　(B) SOP 製程　(C) 入庫管理　(D) 出貨管理。

(　　) 3. 負責參與保證供應商選擇的品質單位為誰？　(A) VQA　(B) QA　(C) CQA　(D) DQA。

(　　) 4. 能夠抽驗到製程品質問題的品質單位為誰？　(A) IQC　(B) OQC　(C) FQC　(D) IPQC。

(　　) 5. 供應商自評表的構面不包括哪一項目？　(A) 品質　(B) 交期　(C) 創新　(D) 配合度。

(　　) 6. 業界常使用的矯正措施報告（Corrective Action Report）不包括哪一項目　(A) ICAR　(B) ECAR　(C) SCAR　(D) CCAR。

二、問答題

1. 請畫出業界如何定義各產品階段並說明其作業內容？

2. 請說明企業組織對於短的產品生命週期且要確保產品的品質，設置品質管理功能單位的分類，包含哪些常見的功能單位？

3. 供應商品質保證單位作業內容為何？其主要目的為何？

4. 進料品質管制單位作業內容為何？其主要目的為何？

5. 設計品質保證單位作業內容為何？其主要目的為何？

6. 品質工程單位作業內容為何？其主要目的為何？

7. 製程品質管制單位作業內容為何？其主要目的為何？

8. 最終品質管制單位作業內容為何？其主要目的為何？

9. 出貨品質管制單位作業內容為何？其主要目的為何？

10. 客戶品質保證單位作業內容為何？其主要目的為何？

參考文獻

1. 戴士斌，《快速的產品開發流程及組之探討―A 科技公司為例》，臺灣科技大學碩士論文。

2. 沈世傑，《結合 FTA 與 FMEA 以改善產品的 MTBF 之個案研究》，逢甲大學碩士論文。

3. 楊錦洲，《人人品質才能避免問題的發生》，品質月刊 47 卷 12 期。

4. 中華民國品質學會 http：//www.csq.org.tw/。

5. 中國工業工程學會 http：//www.ciie.org.tw/。

6. 許瑋庭、洪聖惠、雷宜芳、王拔群《品質管理專業人員的基本修煉》，品質月刊 53 卷 08 期。

Chapter 6

文件管制作業

學習要點

1. 了解有那些國際法規與國際標準，影響企業組織的研發生產作業。
2. 了解客戶文件的要求與因應做法。
3. 了解內外部文件管理作法及要點。
4. 應用系統幫助文件管理。
5. 文件管理的重要性。

關鍵字：文件管制、國際法規、國際標準、客戶文件、外來文件管理、內部文件管理、系統化管理

品質面面觀

「麒麟專案」外洩案國防部長震怒，下令中科院檢討機密文件管制

中科院去年底發生的極機密運載火箭資料遺忘在 YouBike 自行車的外洩事件，所幸由憲兵拾獲未造成國防機密的損害，但整個事件突顯中科院在行政法人化後，將機密文件從過去區分四個等級，改為通通列為「商業機密」，容易讓人對這所謂的「商業機密」文件掉以輕心，忽略其重要性；加上資安管制的不確實，以致事件發生後中科院未能在第一時間內進行災害控管，據指出，國防部長嚴德發相當震怒，要求中科院長杲中興好好的檢討，並重新檢視機密文件如何作有效的管制。

過去中科院隸屬國防部時，所有的機密文件區分為四個等級，從公文上的蓋上「密」、「機密」、「極機密」與「絕對機密」，就可以清楚知道文件的重要性，但中科院行政法人後，相關的機密文件通通改以「商業機密」並稱呼，召開相關的機密會議的人員，也都要簽署「保密切結書」，看似謹慎但模糊空間太大，例如：中科院內部人員的薪資也列入「商業機密」與武器研發資料放在一起，同屬「商業機密」，從外表是看不出其重要性，也因此看多了「商業機密」後，對於這些機密容易掉以輕心而忽略不謹慎。

再者，中科院對資安管制中心對於被攜出的機密文件，是否建立一套追蹤管制的流程令人質疑，例如：國安系統與國防部機敏單位，有鑑於過去被木馬程式入侵，除改以封閉式網路外，不能隨意用隨身碟來存取資料，經核准存取或列印攜出的的資料，在使用後返回原單位，要向單位主管報備並由專人銷毀，這是最起碼的安全管制措施。

但是中科院極機密文件外洩事件中，不難發現當事者不說，整個辦公室是沒人知道，負責資安管制中心的監控系統，起碼要知道有那些機密文件被列印攜出，隔日也要追蹤這些文件是否有回來銷毀，若中科院資管中心連這樣基本的機制都處有，又如何有效資管其他武器研發資料不外洩。又讓社會民眾如何相信國家投入幾百億的預算進行武器研發，真的都能有效並安全的控管中。

資料來源：摘錄自上報 2019 年 2 月

解說

　　小從公司組織的一般性文件，大自國家的機密文件，文件管制的重要性不容忽視。《「麒麟專案」外洩案國防部長震怒，下令中科院檢討機密文件管制》的新聞報導，我們可以了解到文件的管制不當，甚至可能危及國家安全。如何對文件做有效的分級管制，輔以系統化管理，是公司組織作業管理的要項之一。

個案問題討論

1. 從《「麒麟專案」外洩案國防部長震怒，下令中科院檢討機密文件管制》一文，說明文件管理目的為何？

2. 文件查閱上常因分級而有所限制，讓使用者覺得繁瑣，你覺得是否有更好的管制方式？

前言

在凡事講求合乎標準的年代，若只會依功能需要做出產品是不夠的。做出的產品是否符合國際法規要求、各地法規要求與客戶標準，會直接影響到是否滿足客戶需求，以及能否符合各國法規要求進行銷售。這些法規、標準、辦法、條例、準則，還會因為生效與改版而有時效的影響。無法確實掌握時，將影響產品的研發設計、測試驗證、生產製造、出貨，嚴重者甚至重工、退貨、賠償。尤其臺灣是以出口為導向的國家，電子相關的製造代工的產業更是多。如何掌握強制性、自願性與品牌商要求的法規、標準，更是重要的課題。其範圍包括以文件收集、文件管制、因應做法、執行追蹤的過程，制定有效管理法規與客戶文件作法。並以系統化管理方式，強化管理落實度。

而對於組織企業來說，文件管制作業更是一項重要資產。除了是日常的產品研發至出貨的完整生命週期所依循的標準，過程中所留下的紀錄更是重要的佐證資料。而 ISO 9001:2015 年版以文件資訊取代了文件及記錄，以「說、寫、做一致」為精神的 ISO 管理系統，將文件資訊確切反映出來。在一般組織架構設定上，文件管制作業會設置於品質管理單位執行。

6-1　文件的種類

企業組織所需掌握與因應的外部文件種類，包括：(1) 國際法規；(2) 國際標準；(3) 客戶文件，影響企業組織的研發生產作業。

▶ 6-1-1　國際法規

對於國際法規來說，基本上區分為強制性與自願性二類。強制性有 2006 年 7 月 1 日 RoHS（2002/95/EC）RoHS 危害性物質限制指令生效，目前的最新版本則是 2011/65/EU。同時歐盟於 2015 年 6 月 4 日正式公告 RoHS（recast）指令（2011/65/EU）禁用物質清單（Annex II）新增四項鄰苯二甲酸酯（2015/863/EU）。此指令自歐盟公報上公告後第 20 天起開始生效，歐盟成員國必須在 2016 年 12 月 31 日前將指令轉化為國家法令，執行日期為 2019 年 7 月 22 日（醫療設備和監控儀器 2021 年 7 月 22 日）。歐洲化學總署（RECHA）REACH 法規管制高關注物質（SVHC），每半年新增管制物質。WEEE 廢棄電子電機設備指令，歐盟為降低廢棄電機 / 電子設備產品對環境及人類造成影響所公布的指令。 ErP 歐盟能源使用產品生態化設計指令，即針對使用能源之產品（運輸工

具除外）需以生命週期思維（Life Cycle Thinking），建立環境特性說明書（Eco-Profile）。而中國大陸於 2006 年 2 月份制定了 China RoHS，並以 SJT 11363-2006 國家標準進行管控。2007 年 4 月經過韓國國民大會審議通過 Korea RoHS，於 2008 年 1 月正式實施。日本則是於 1973 年制定了「化學物質審查規制法」簡稱化審法。美國部分則有美國加利福尼亞州能源委員會（California Energy Commission's）制定 CEC 要求外部電源供應器（如充電器和適配器）的產品，要在待機與使用狀態下以更有效率的方式運用能源。另外像是能效認證 DoE（Department of Energy）認證登記， 製造商在商業發行之前，每個型號都必須依能源部規定之節能標準提交認證報告。其餘則是美國能源之星標章（ENERGY STAR）、德國藍天使標章 （Blue Angel）、歐盟綠色小花（EU Flower）、臺灣環保標章（Green Mark）等，屬於自願性法規但都有其認證的標準要求。對於企業組織來說這些各地區的強制性與自願性法規，都是在產品開發與銷售過程必要去了解與因應的。

▶ 6-1-2 國際標準

在國際標準部分，製造商常會接觸到像 ISO / IEC 等標準與準則。ISO 國際標準組織（International Organization for Standardization, ISO）於 1947 年 2 月建立組織機構以促進工業標準的國際協調和統一，已經出版了超過 19500 國際標準涵蓋了技術和製造的所有方面。其主要在 ISO 9000 Quality management、ISO 14000 Environmental management、ISO 26000 Social responsibility、ISO 50001 Energy management、ISO 31000 Risk management、ISO 27001 Information security management 等管理系統上都設定了標準。另外對於專案的管理或是抽樣標準則是有 ISO 10006 Guidelines for quality management in projects、ISO 10005 Guidelines for quality plans、ISO 2859-1 Sampling schemes indexed by acceptance quality limit (AQL) for lot-by-lot inspection、ISO 10007 Guidelines for configuration management…等標準依循。

另一部分則是 IEC 國際電工委員會（International Electro technical Commission, IEC），對國際標準的編寫和出版的所有電氣、電子和相關技術領導機構，IEC 提供了一個平台讓企業、行業和政府討論和制定他們需要的國際標準。其主要分類包括：(1) Electrical apparatus for explosive atmospheres；(2) Energy and heat transfer engineering；(3) Safety；(4) Switchgear and controlgear；(5) Household；(6) Medical Equipment；(7) Testing；(8) Electromagnetic compatibility；(9) Electrical wires and cables；(10) Audio, video and audiovisual engineering 等，與電氣、電子相關的技術標準。

6-1-3 客戶文件

品牌商對於製造商的採買要求，都依循採買合約而有強制符合標準規範要求。位於美國與歐洲的品牌商對於製造商遵守法規的要求，一般是以內部 Standard General Specification for the Environment（GSE）或是綠色採購規範進行管理，有些則是制定供應鏈綠色夥伴標準作法，對於採買的零部件與材料撰寫「零部件和材料中的環境管理物質 - 管理規定」通稱為 SS-00259 標準，或是 Group Specified Chemical Substance List 。另外則是與產品直接相關的 (1) 測試規範；(2) 檢驗規範；(3) 包裝規範；(4) 出貨規範等。再區分不同的產品分類提出規範要求，對於製造商來說則是需要有效的管理與因應。無法落實管理客戶文件的影響，將可能是產品研發過程參照錯誤的規範。這樣的情況在面對客戶稽核與產品驗收，將無法獲得好的評分且產品無法允收。

6-2 有效管理步驟

對於文件有效的管理步驟，應包括對於外來文件掌握、人員如何處理的管理作法、編碼作業以及系統化的協助管理。

▶ 6-2-1 外來文件管理作法

面對為數頗多的法規、標準與客戶文件，需要有良好的管理循環支持。包括：(1) 文件收集；(2) 文件管制；(3) 因應作法；(4) 追蹤執行四個步驟。首先需掌握強制、自願、客戶法規／標準的資料來源，可建立法規官網、主管機關官網、客戶資料提供窗口、法規／標準電子報進行掌握。並將已收集到的法規／標準進行區分，可依國家、地區、適用產品、適用客戶分類，再確認個別法規／標準的版本與生效日期。對於內部相關需因應的單位來說，最常會問的就是「要符合法規要求，我們要配合甚麼做些甚麼？」。故可以透過召開內部因應會議進行討論，整理出法規／標準的重點，同時包括各單位導入日期（Cut-in date）與標準作法建立。而法規／標準會隨著時間演進、技術提升、品質要求而改版，故要持續追蹤法規接收與執行日期。有效的文件管理作法，可依文件管理作業循環方式進行達成良好管理目的（圖 6-1）。

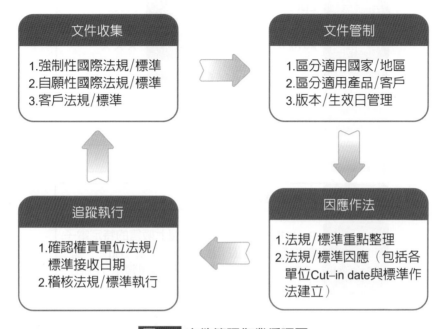

圖 6-1 文件管理作業循環圖

▶ 6-2-2 外來文件資料庫管理

　　同時為了有效管理為數頗多的外來文件與文件資料庫的建置，輔以管理系統的開發是必要的。依照文件管理作業辦法建立系統管理規則，並可透過系統的運算功能提供統計報表，提供日後新增、發行、改版、統計與查詢的使用目的。首先系統管理單位可召開內部討論會議，與相關的權責單位討論細項管理作法與系統準則。再依會議決議與資訊部門討論系統開發(1)系統功能；(2)統計報表；(3)生效通知；(4)法規電子報的功能項目。亦或是可將規格需求進行外部合作廠商的評估，尋找適用的套裝軟體進行使用。建立的外來文件管理申請單需將法規與客戶文件設定關鍵參數（Key 值）管理，同時對於條文要求與因應作法有明確的紀錄（圖 6-2）。

申請單號	ED0001	申請者	×××
申請日期	2016/1/1	負責部門	×××
法規號碼	2011/65/EU	法規版本	RoHS2.0

法規名稱	DIRECTIVE 2011/65/EU
適用地區	歐盟國家
適用產品	全電子電機產品
條文要求	RoHS指令明訂在歐盟市場上販售的特定電子電機產品限制使用鉛（Pb）、汞（Hg）、鎘（Cd）、六價鉻（Cr6+）、多溴聯苯（PBB）與多溴聯苯醚（PBDE）
因應作法	1.採購需依法規要求供應商檢測與不使用宣告 2.承認單位需進行供應商MCD審核 3.進料檢驗單位依照法規抽樣檢驗

圖 6-2 外來文件管理申請單

對於 (1) 產品需因應哪些法規；(2) 銷售地區有哪些強制法規要求；(3) 客戶有哪些標準需求，可列為查詢的關鍵條件。而對於產生的統計報表輸出可以包括：(1) 申請單號；(2) 申請者；(3) 申請日期；(4) 法規名稱；(5) 適用地區；(6) 因應作法，此報表可提供管理上的需要，進行分析使用（表 6-1）。

表 6-1 外來文件統計報表

申請單號	申請者	申請日期	法規名稱	適用地區	因應作法
F201501001	XXX	2015/6/4	RoHS 2015/863/EU	EU	配合導入計畫進行各項作業於2015/11/1 導入。
F201501002	XXX	2015/6/15	EU 1907/2006 SVHC 163	EU	於 2015/6/15 對於供應商要求導入。

實務小專欄

國際法規隨著科技發展、技術能力提升、環保意識抬頭、國家發展趨勢等，會有進行新增或是改版。在全世界 190 幾個國家，是否都有制定該國的法規要求，應該如何去遵守符合，確實考驗著品牌商與製造商。這其中包括：(1) 強制性或自願性；(2) 產品範圍；(3) 生效與強制日期；(4) 規範內容；(5) 相關罰則等都是需要去掌握的。在實務面的操作上，最常面臨法規資料來源不易掌握，而忽略了去收集法規。此部分可以透過 (1) 主管機關公文函；(2) 官網公告；(3)3rd-party 電子報；(4) 法規討論區，定期進行追蹤。

另外一部分是來自客戶的標準文件，對臺灣以 ODM /OEM 為主的代工環境著實重要。這可能包括：(1) 設計規範；(2) 製造規範；(3) 檢驗規範；(4) 包裝規範；(5) 出貨規範等都是要去取得的。在實務面的操作上，需與客戶取得規範文件清單進行比對。包括：(1) 文件名稱；(2) 文件編號；(3) 發行日期；(4) 語文版本，取得後進行公司組織內部的傳達與因應。將可於客訴問題發生時有所參閱的依據，避免影響甚至賠償。

在實務作業上文件提供作業依循標準，卻同時也是依循的記錄。不管是 (1) 產品問題釐清；(2) 客戶問題分析；(3) 問題處理驗證；(4) 司法事件處理等都是重要的依據。電子系統化及設定關鍵參數（Key 值）管理，會是有效文件管理的目標。

6-2-3 內部文件管理作法

公司組織內部應以產品生命週期，進行內部文件 (1) 製作；(2) 審核；(3) 變更；(4) 保存；(5) 作廢等文件管理作業。需撰寫文件管理作業辦法確認管理文件的範疇，內部才有依循的準則。

產品生命週期的各個階段有：(1) 產品開發文件；(2) 產品製造文件；(3) 管理系統文件；(4) 行政作業文件，都應列為管理的範疇。同時配合產品生命週期階段進行文件的納管，也於每個階段完成進行文件時柵的審核，將可掌握每個階段應完成文件及記錄是否完成並存入資料庫（表 6-2）。而為有效區分哪些功能單位負責的文件，則可進行細項分類，例如：產品開發可區分為 01：H/W 文件，02：S/W 文件，03：F/W 文件，04：其他文件，更易於管理，最後再依公司組織規模設定流水編號，可統計文件數量設定適合的碼數。公司組織可依管理上的需要設定文件編碼準則表，但總碼數以不超過 10 碼為原則，便於背誦與良好溝通的目的（表 6-3）。

表 6-2 產品生命週期文件時柵

階段流程	產品階段	時柵	文件內容
C0	構想階段	標案或取案前1個月	1. 標案文件明細及檔案 2. 構想或取案提案書 3. Survey Form 4. 其他
C1	規劃階段	依各產品開發時程定義	1. External Specification 2. 產品開發時程規劃 3. 其他
C2	設計階段	依各產品開發時程定義	1. Internal Specification 2. 產品設計相關產出（Layout ,BOM, 圖面）
C3	工程樣品階段	依各產品客戶需求時程定義	1. 產品設計驗證測試報告 2. 原物料承認資料 3. 其他
C4	試作階段	依各產品客戶需求時程定義	1. 產品試作相關產出（良率，不良率） 2. 試作審查會議記錄 3. 其他
C5	試產階段	依各產品客戶需求時程定義	1. 產品試產相關產出（良率，不良率） 2. 試產審查會議記錄 3. 其他
C6	量產階段	依各產品客戶需求時程定義	1. 產品量產相關產出（良率，不良率） 2. 量產產品生產資訊記錄 3. 其他
C7	產品終止階段	依各產品保固保修時程定義	1. 產品維修記錄 2. 其他

表 **6-3** 文件編碼準則表

文件類別	產品生命週期階段	細項分類	編號
產品開發 (D)	(1) C0: 構想階段 (2) C1: 規劃階段 (3) C2: 設計階段 (4) C3: 工程樣品階段	01:H/W 文件 02:S/W 文件 03:F/W 文件 04: 其他文件	以 3 碼流水編碼進行編號 (001~999)
產品製造 (P)	(5) C4: 試作階段 (6) C5: 試產階段 (7) C6: 量產階段 (8) C7: 產品終止階段 (9) NP: 適用全階段	01: 作業 SOP 02: 作業指導書 03: 作業記錄 04: 作業流程 05: 其他文件	以 3 碼流水編碼進行編號 (001~999)
管理系統 (M)		01:ISO 9001 02:ISO 14001 03:QC 080000 04:ISO 50001 05: 其他文件	以 3 碼流水編碼進行編號 (001~999)
行政作業 (O)		01: 人事文件 02: 資管文件 03: 廠務文件 04: 財務文件 05: 其他文件	以 3 碼流水編碼進行編號 (001~999)

　　依循文件編碼準則可查出 例如：產品標案規格書編號 D-Co-01-001，給予該文件編號。但為有效進行管理，亦可包括專案代碼（Project Code）、產品名稱（Product Name）、成品料號（Finish Good Part Number）等。這些參數將可設定為系統化時搜尋的關鍵值（Key Value），便於查詢使用。同時為有效管理文件的查閱權限及管理等級，對於文件重要性設定分為：(1) 一般文件；(2) 機密文件 ；(3) 最高機密文件。可細分文件的屬性、作業需要、管理需要進行查閱等級區分（表 6-4），讓文件有效分級控管。同時應製訂標準文件格式讓公司組織內部相關單位有依循的統一標準，可依 (1) 產品開發文件；(2) 產品製造文件；(3) 管理系統文件；(4) 行政作業文件製訂各類文件標準格式。文件的生效發行需由文件管制中心（Document Control Center, DCC）統一審核蓋章發行，確保最新版生效與舊版的回收作廢。同時包括人員異動離職、文件遺失補發、暫行文件，都應設定管理作法有效管理。

表 6-4 文件管理等級表

文件類別	機密等級	查閱權限	管理準則
產品開發文件	最高機密 / 機密	最高管理者、Project leader、R&D、PM	最高機密僅最高管理者、Project leader 可查閱；R&D、PM 僅查閱機密文件
產品製造文件	最高機密 / 機密	生產最高主管、產品工程人員、品保人員	最高機密僅生產最高主管可查閱
管理系統文件	一般	一般員工	適用一般員工查閱，但不可列印存檔
行政作業文件	機密 / 一般	行政單位主管、行政管理師、一般員工	機密文件僅行政單位主管、行政管理師可查閱；一般適用一般員工查閱

▶ 6-2-4 文件管理系統

多數企業組織為有效管理內部文件及無紙化環保的觀念，都會建立電子化文件管理系統。市面上許多軟體公司都有開發文件管理系統，可依需要進行客製化的評估與採用，亦或是公司內部資訊部門進行開發。同時依據內部文件管理辦法建立內部文件管理申請單（圖 6-3），有效進行申請、會簽、審核、生效等作業。並以管理上所需掌握的統計資料，透過系統的運算功能提供統計報表，提供日後生效、追蹤、改版、稽核與查詢的使用目的。系統化文件管理需強化自動化文件分類，例如：自動化分類系統（DCSO）以 Ontology 為主的 4 個 Module 進行區分。

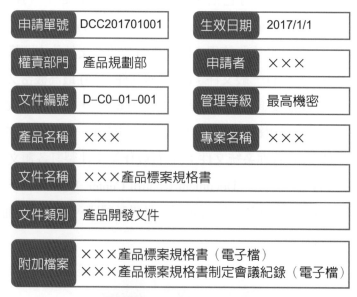

申請單號	DCC201701001	生效日期	2017/1/1
權責部門	產品規劃部	申請者	×××
文件編號	D–C0–01–001	管理等級	最高機密
產品名稱	×××	專案名稱	×××
文件名稱	×××產品標案規格書
文件類別	產品開發文件
附加檔案	×××產品標案規格書（電子檔） ×××產品標案規格書制定會議紀錄（電子檔）

圖 6-3 內部文件管理申請單

1. Keyword Extraction Module：關鍵字組成的關鍵字字典。

2. Ontology Construction Module：以關鍵字字典及正規化概念分析，進行概念關係圖建置，發展出 Domain Ontology。

3. Document Classification Module：將文件有效的分到 Ontology 適合節點。

4. Document Searching Module：根據文件系統使用者的 Query，搜尋出所需的文件。

　　讓電子化文件管理系統依照使用上的需要與習慣，進行學習曲線（Learning Curve）的系統能力的優化。

　　系統化的流程步驟由文件管理單申請展開，由 DCC 人員審核文件格式是否符合各類文件要求。透過上下游作業相關單位進行文件審核，確認文件內容符合說、寫、做一致。完成審核文件進行轉檔加密，確保使用安全。最後文件發行章核蓋進行發行，並由系統發送文件生效通知給相關人員（圖 6-4）。

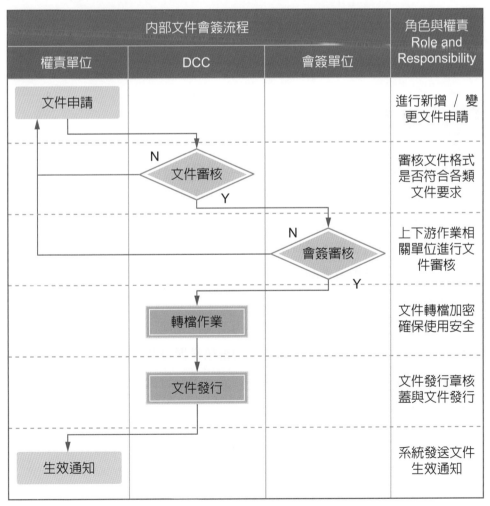

圖 6-4 系統化文件會簽流程圖

實務小專欄

在生產作業上作業標準書（SOP）與作業指導書（W/I），是會被使用到的文件。不管是電子檔或紙本文件，最常在外部或客戶稽核上被發現並非使用最新版本文件進行作業，而造成稽核缺失。故在生產線上線作業前，不能缺少的是依照客戶文件清單進行客戶需求對照與確認。批量生產期間若有文件修改或新增，應由 PM 通知生管確認於哪個工單或日期導入使用，已生產完成是否需隔離管理或重工。若是因為文件重新製作的時效來不及而採取現行文件小部分修改處理，這樣的暫行文件需經由權責單位認可簽名，不可由製造單位自行修改。

生產作業上作業標準書（SOP）與作業指導書（W/I）是生產的依據，若是未正式發行或被認可修改的文件，嚴重的影響是生產出一堆不良品。生產成本與時間成本是龐大的，不容許輕忽。

6-3 章節結論

有效管理法規與客戶文件的作法，首先應依循 (1) 文件收集；(2) 文件管制；(3) 因應作法；(4) 追蹤執行四個步驟確認管理作法，並透過軟體系統建置強化管理作業，落實法規資料庫管理。日後僅需輸入 (1) 產品；(2) 銷售地區；(3) 客戶等關鍵字進行查詢，就能夠查詢到所需要且適用的法規。同時透過報表的輸出將可篩選出因應作法，對於法規的執行上更為落實。面對不斷演進的法規以及不停改版的客戶文件，也唯有落實管理作法並輔以系統化管理，才能開發展出符合性產品。

公司組織內部應以產品生命週期，進行內部文件管理作業。在產品生命週期的各個階段的進行文件的納管，也於進行文件時柵的審核掌握每個階段完成度。電子化文件管理系統建置可透過系統的運算功能提供統計報表，達成日後生效、追蹤、改版、稽核與查詢的使用目的。

ISO 9001：2015 電子化文件管理之實踐

　　ISO 9001 品質保證系統是國內企業最為熟知的管理制度架構。其最新版本在 2015 年九月下旬正式發布，經常被詢問到「我們公司一定要發行紙本文件嗎？」、「紙本文件抽換費時、費力又不環保，可否發行電子文件取代紙本文件？」、「有很多市售之文件管制軟體，動則一、二拾萬，一定要買才能實踐電子化文件管理嗎？」。

　　ISO 9001：2015 條款 7.5.1 提到組織在建構品質管理系統應包括 ISO 9001 所要求的文件化資訊，以及組織所決定之品質管理系統有效性所必要的文件化資訊。所謂「文件化資訊」就是舊版條款所說的「文件與紀錄」。條款 7.5.2 也說明了當組織制定與更新文化資訊時，應確保適當的格式（如：語言，軟體版本，圖形）和媒體（如：紙張，電子化）。所以，條款中已明確說明紙本或電子檔文件或是 ERP 系統產生之表單紀錄以及公司內、外部往來之 e-mail，只要符合 ISO 9001 條款要求，都可視為有效之文件化資訊。因此，讀者可放心大膽的制定電子化文件管制的方式。

　　一般最常見之文件架構是所謂的四階文件架構，一階是品質手冊（2015 年版未強制規定須有品質手冊），二階是程序或辦法，三階是標準書、指導書、圖面等，四階則是表單。品質手冊平常閱讀的機會不高，二階一般皆為管理類文件，如：採購管理程序，很少人會邊閱讀採購管理程序邊執行採購作業。當系統穩定運作中，二階文件大多用來做訓練用途，而四階表單一般則隨附於二階管理程序中。所以，就使用頻率來考量，一、二、四階文件以電子化方式存放於內部網路中是合理的。再加上這些文件之使用對象一般都為間接人員，辦公室對於電腦的取用性是方便的，更加強化其可行性。然而，三階一般多屬技術文件，使用對象以現場人員為主，其使用電腦的便利性不佳。所以，仍以發行書面文件為主。但是，如量測儀器校驗說明書，因屬品保單位使用，品保人員一般皆充分配置電腦，這類文件以電子檔發行亦無疑慮。

　　接著考慮的就是如何「免費」。現今之企業皆有架設內部網路，我們只要在網路中建立「ISO 9001」文件夾，設為「唯讀」，將指定之最新版次文件置於該文件夾中即可，唯一要注意的是「文件總目錄」也要同時放置於該「ISO 9001」文件夾，用來識別文件最新版次。另外，要設置一個「ISO 9001 舊版」文件夾，放置作廢或舊版文件，其權限僅開放給文管人員。以這種方式管制，我們就不需額外購置文件管制軟體了。

　　其他在管制上要注意的是，大部分公司的文件管制程序皆規定紙本文件在分發時，需有簽收紀錄。然而，當文件以電子化文件發行時，並無實際之分發動作，當然也沒有

簽收紀錄。可於文件管制程序書規定，電子檔文件發行時，文管中心以 e-mail 通知相關人員，並要求相關人員回覆「return mail」，文管人員將「return mail」存檔，取代文件分發紀錄表。此外，文管中心仍應保存一套完整之四階書面文件，這些文件仍需經過相關權責人員之審查及核准。因為只保留一套書面文件於文管中心，文管人員可免除到相關單位抽換更版文件之痛苦。還有，對於文件變更申請，筆者建議仍依照之前方式處理，也就是保留紙本的「文件制、修、廢申請單」，以便留下文件制、修、廢之審核證據，以符合條款「7.5.2 制定與更新，當制定與更新文件化資訊時，組織應確保適當的審查和批准的適切性和充分性。」之規定。最後，對於電子檔之文件化資訊也應於文件管理程序中，適當的規範檔案備份等安全機制，以確保管制之完整性。

符合 ISO 9001 規定之電子化文件管理模式並不困難，只要掌握上述原則，並適度的修訂文件管理程序，即能達到簡化管理的目的。

資料來源：摘錄自 myMKC 廖烜輝 2018 年 2 月

🧑 解說

文件管制的背後，是為了資料查詢、資料追蹤、資料佐證的重要目的。除了實踐說、寫、做的精神，很多時候是凡走過必留下痕跡的證明。本文以 ISO 9001：2015 四階文件架構點出文件管制的重要性，這是日常就需要落實執行，才能於有需要時提出舉證。對於文件保管年限，很多時候會與客戶需求及產品生命週期息息相關，為有效進行保管，還是要朝著 e 化管理。透過系統化管理與規律性備份，將可有效的永久保存。

❓ 個案問題討論

1. 從《ISO 9001：2015 電子化文件管理之實踐》一文，說明為什麼要電子化文件管制？
2. 要做好基礎文件管理制度，應該包括哪些內容？

章後習題

一、選擇題

(　　) 1. 常見的外部文件種類不包括下列哪一項？　(A) 國際法規　(B) 國際標準　(C) 客戶文件　(D) 參考文獻。

(　　) 2. 常見的客戶文件規範種類不包括下列哪一項？　(A) 測試規範　(B) 檢驗規範　(C) 入料規範　(D) 出貨規範。

(　　) 3. 外來文件管理包括：(1) 文件收集；(2) 因應作法；(3) 文件管制；(4) 追蹤執行 其正確流程步驟為何？　(A) 1234　(B) 1324　(C) 2143　(D) 3124。

(　　) 4. 內部文件管理作法不包括下列哪一項？　(A) 製作　(B) 審核　(C) 列印　(D) 作廢。

(　　) 5. 產品生命週期的各個階段文件不包括下列哪一項？　(A) 參考文件　(B) 產品製造文件　(C) 管理系統文件　(D) 行政作業文件。

二、問答題

1. 常見的文件種類分為幾種？其內容為何？
2. 常見的國際法規如何進行分類，包括哪些會影響企業組織的研發生產作業？
3. 常見的國際標準包括哪些會影響企業組織的研發生產作業？
4. 常見的客戶文件如何進行區分？其內容為何？
5. 請畫出外來文件管理流程圖並說明作業內容？
6. 請說明外來文件資料庫建置要點及作業內容？
7. 請說明產品生命週期文件時柵及作業要點？
8. 請說明內部文件編碼準則及作業要點？
9. 請說明電子化文件管理系統建置的要點？
10. 請說系統化文件會簽流程及作業要點？

參考文獻

1. 王獻彰,《品質管制》,全華圖書。

2. 簡聰海 / 李永晃,《全面品質管理》,高立圖書。

3. European Chemicals Agency 官網 http://echa.europa.eu/web/。

4. European Commission Energy 官網 http://ec.europa.eu/energy/en。

5. 曹菀容,《自動化文件類別管理:以領域知識支援文件分類之研究》,嘉義大學碩士論文。

6. 李彥賢,《演進式件類別管理技術》,中山大學博士論文。

7. 張家榮,《封裝廠品質文件管理之研究》,明新科技大學碩士論文。

Chapter 7

軟體產品品質

學習要點

1. 了解軟體產業的發展過程。
2. 了解軟體的開發過程與未來趨勢。
3. 整合性軟體測試驗證。
4. 軟體特性區分方式。
5. 了解軟體產品品質管理的要點。

 關鍵字：應用軟體、SoLoMo 經濟、ISO 9126、軟體特性、CMMI

品質面面觀

蘋果前員工：軟體品質下降源於文化改變，不只是缺乏關注

過去幾個月，我們聽到太多關於蘋果軟體、系統出現問題的報導。蘋果的軟體開發到底出了什麼問題？一起來聽聽一位前蘋果軟體工程師如何評價。

身為一名曾在蘋果從事 iOS 開發的工程師，我認為蘋果真正需要的是一種文化，即不要時刻迎合 EPM（專案經理）突發奇想的文化。在過去，專案經理是幫助組織與工程團隊合作安排整個公司的瀑布式開發。然而我離開蘋果的時候，他們基本凌駕工程團隊之上了。雷達變成整個公司的驅動力，而不再注重整體產品，所有東西都要排出先後次序。P0 代表立即修復，P4 則代表可有可無。你明白吧。

如果在雷達中沒有優先代碼或團隊的專案經理沒有簽署，就什麼也不能做。你沒有多餘時間來做其他業外專案（Side Project）甚至應付日常工作，因為總有沒完沒了的 P1 要修復。即使你有點時間，也會被其他遭 P1 工作淹沒的工程師分來的案子占據。

P1、P1、P1，每件事都是緊急狀態。這也是為什麼我和同事都不敢休假。如果我們不一直思考如何修復 P1，我們就會讓團隊失望。

這就是你拿到的有問題版軟體。安排事情和管理工程師的 EPM 會決定某新功能是 P2，但基本上都只能等到 *.1 版（如 10.1 或 11.1）才能正式推出。

最後，軟體工程師失去了決定某個功能何時發表的自由。因此我看到一些軟體品質的「洩漏」，不過是 bug 滿滿 iOS 11 的公關手段罷了。除非蘋果願意削弱「全能的」專案經理的權力，否則我不認為工程部門會有什麼改變。

資料來源：摘錄自科技新報 2018 年 2 月

🧑‍💼 解說

要驅動硬體，不可或缺軟體的搭配。而對於消費者來說，有時候對於軟體品質的要求更甚於硬體。在使用上是不是會出現 Bug、是不是具有便利性、是不是適合操作行為，往往直接反映在消費者的感受上。尤其像是「當機」、「Lag」、「delay」這些 bug 的發生，很容易讓消費者主觀認為產品不好用。就算有再強的硬體規格，沒有好的軟體搭配也是枉然。軟體開發有其專業與技術，但也要有好的專業經理人領導與管理，才能夠有預期的開發成果。很多時候若是不好的公司組織文化讓外行領導內行，確實會帶來巨大的影響。

② 個案問題討論

1. 從《蘋果前員工：軟體品質下降源於文化改變，不只是缺乏關注》一文，你看到軟體開發過程可能會發生哪些問題？

2. 從《蘋果前員工：軟體品質下降源於文化改變，不只是缺乏關注》一文，你覺得軟體開發過程要如何管理才能有預期的品質？

前言

在資訊時代消費者為了訊速掌握大量資訊，對於資訊產品的需求日益漸增。讓硬體製造商力求技術突破不斷推陳出新，同時也帶動了軟體產業的發展。包括網際網路的普及、APP 使用的興起、軟體產品應用的多元化等，新時代軟體發展的契機不容忽視。

臺灣企業組織在硬體的製造代工已累積不少經驗與實力，如何於現有基礎上強化軟體品質是需要思考的方向。尤其在很多硬體上的品質問題，很多時候是倚靠修改軟體來進行解決，講求的是快速與成本較低。而軟體產品的品質如何進行有效管理，則是本章節要討論的。

7-1 軟體產業的發展

以臺灣軟體產業的發展來看，1992 年至 1997 年的五年期間較為顯著。從初期的專案整合軟體、應用的套裝軟體、多媒體軟體、公司組織運作管理軟體等，各類型軟體產品因應而生。依軟體的特性進行區分，包括專案資訊產品類別的資料處理、專案管理、系統整合，以及軟體產品的應用軟體、套裝軟體、硬體應用軟體等。為有效進行企業組織的作業管理，衍生出相關軟體的應用。包括從 1970 年代對於原物料管理的 MRP、財務管理上總帳與應收付帳款，1980 年代生產管理、財務、資訊交換，1990 年代企業資源管理、電子商務、供應鏈管理，2000 年代應用服務管理，提供企業組織於產品研發、公司運作上更好的管理工具（表 7-1）。

表 7-1 企業組織應用軟體發展過程表（資料來源：元大投顧）

1970 年代	1980 年代	1990 年代	2000 年代
物料需求規劃 MRP	製造需求管理 MRPII		
薪資系統	人力資源	企業資源管理 ERP	延伸型企業資源管理
總帳會計			
應收帳款系統	財務系統		
應付帳款系統			
	電子資訊交換	電子商務	ASP 應用服務
	計劃	供應鏈管理	延伸型供應鏈管理
	排程		
	配銷		
		銷售自動化	
		客戶關係管理	

同時近年來資訊業蓬勃發展，軟體產品以各式各樣的形式與應用存在消費者的生活中。依據美國高德納 2003 年統計資料顯示，至 2003 年消費者於軟體費用的支出達 7300 億美金。而在臺灣市場的情況來說，過去一直是以硬體代工產業為主。但依據資策會於「前瞻 2014 下半年資通訊與軟體產業」記者會上表示，雖然臺灣的大眾軟體以遊戲軟體為最大宗，但行動應用類成長最為迅速，與「SoLoMo 經濟：Social（社交）、Local（本地化）和 Mobile（行動）」崛起密不可分。尤其隨著行動通訊的興起，智慧型手機即時通訊應用程式（APP）逐漸成為新型態溝通工具，包括各式各樣於行動裝置上的應用程式，儼然成為新一波軟體發展趨勢。更點出了軟體業未來的發展，將著重於大量資料、社交媒體、行動應用、雲端運算的應用上。軟體市場的發展從原有企業組織應用，朝向終端消費者需求面發展與成長。

7-2　軟體產品的開發

軟體產品的開發首要著重於人才，有別於製造業投入生產設備的比重。尤其以軟體輸出大宗的美國與印度二個國家，對於軟體技術的重視與投入培養人才的資金是龐大的。以硬體產品的生命週期來看，是從市場需求或客戶需求具體實踐為實際硬體產品的過程。而對於軟體的開發過程即是軟體專案生命週期，又稱為系統發展生命週期（System Development Life Cycle, SDLC）。包括：(1) 初步調查；(2) 系統分析；(3) 系統設計；(4) 系統開發；(5) 系統實施與評估（表 7-2）。

表 7-2 系統發展生命週期表

階段流程	產品階段	作業內容
S0	初步調查階段	調查市場、客戶、消費者需求，收集系統發展所需資料。
S1	系統分析階段	分析系統發展可行性，定義軟體產品的時間、範圍與成本。系統發展預期效益與商業模式需求，以及風險評估。
S2	系統設計階段	成立設計團隊擬訂計劃，分解個別發展任務與時程排定。
S3	系統開發階段	依據系統規格書與計劃，進行系統程式碼撰寫。並安排 UAT 測試（User Acceptance Test, UAT），用戶接受度測試。對於系統開發過時間、範圍、成本，需確實控制與掌握。
S4	系統實施與評估階段	對於完成系統進行執行上的評估，產出結案報告。檢討系統專案執行成效，與落實經驗傳承。

　　軟體開發也等同專案管理做法一樣，對於需求確認提出系統設計才展開程式撰寫，透過系列整合與最終測試才交付給客戶。開發策略是包含過程、方法及工具的規劃，常見軟體產品開發模式如下說明：

1. 瀑布式模式：需求、設計、履行、驗證、維護的階段性發展過程，每個階段需確實完成後，才可執行下個階段。

2. 漸進式模式：將開發專案區分成數個小型瀑布式模式，從設計、編碼、單元測試、系統整合性測試、操作及維護，降低因為變動產生的影響，也能夠有顯著的階段性目標達成。

3. V 型模式：規劃包括商業案例、商業需求、功能設計、技術設計與編碼，都對應驗證或單元測試進行確認。該模式方式有助於階段性流程品質管理，進一步掌握最終軟體產品品質。

4. 快速原型開發模式：接收新的改變需求，將原有規劃、設計、履行、整合、作業的過程，進行回饋的驗證與維護。較適用於專案的需求，在原有基礎上為指定客戶量身打造。

5. 螺旋型模式：將瀑布式模式最終結果回溯至開始，建立一個具有回饋與檢驗機制的往復式流程。強調替代方案與風險控管，為專案找出解決方法。

6. 極限型模式：包括探勘階段、規劃階段、疊代與發佈階段、生產階段、維護階段，強調每個階段的回饋，適用 Web 應用專案。

7. RUP 模式：為 Rational 公司發展的物件導向統一發展流程。強調軟體產品開發是疊代過程、案例驅動、中心架構設計的過程。

　　在軟體產品開發的實務上，會以瀑布式模型改良為架構式或組合式開發模型執行。為有效掌握開發的成效，透過 REDC（Review、Evaluate、Discussion、Conclusion, REDC）的檢核是必要的。尤其軟體產品具有多版本、多語言、多作業系統支持、多規格硬體支持，專案成員如何依照專案計劃與專案負責人的引導，落實專案的執行與達成才是關鍵所在。

 ## 7-3 軟體產品的品質管理

　　過往常有年輕人提及希望從事軟體產業（特別是遊戲軟體）工作，因為好玩又輕鬆，這樣的想法忽略了軟體的複雜性與應有品質。而當立場轉換自己是軟體使用者時，則有

「這軟體怎麼這麼複雜不好操作」、「這軟體怎麼會當機」、「這軟體怎麼沒考慮到使用者的需要」這樣的消費者聲音出現。反應出軟體品質不會只有一個面相，也不能僅用主觀感覺去描述，既不具體也無法度量。國際標準組織（International Organization for Standardization, ISO）制定了 ISO 9126 軟體產品品質與 ISO 14598 軟體產品評估等標準，定義軟體產品品質模式與度量標準。標準內容包括軟體產品品質模式、外部及內部度量指標、使用品質度量指標，提供企業組織對於軟體產品品質規格或模式制定、確認外部及內部度量指標，進行軟體產品生命週期品質水準掌握與最終品質目標的達成。對於軟體的特性結構，區分了 (1) 功能性；(2) 可靠性；(3) 可用性；(4) 效率性；(5) 可維護性；(6) 可移植性等主要特性分類，並定義了各別子特性進行對應（表 7-3）。

表 7-3 ISO 9126-1 軟體特性結構

特性	子特性
功能性	•合適性 •準確性 •相容整合性 •安全性 •功能符合性
可靠性	•成熟度 •錯誤容許度 •可回復性 •可靠度符合性
可用性	•可理解性 •可學習性 •操作性 •吸引力 •可用符合性
效率性	•時間行為 •資源利用 •效率符合性
可維護性	•可分析性 •可修改性 •穩定性 •可測試性 •可維護符合性
可移植性	•適應性 •可安裝性 •共存性 •可替代性 •移植合法性

提供對於軟體產品品質特性的評估模式，用來具體確認客戶及使用者在功能性與非功能性方面的需求。有鑑於軟體品質的重要性，美國卡內基美隆大學軟體工程學院發展出 CMMI（Capability Maturity Model – Integrated, CMMI）整合性模式架構。提供軟體工程與系統工程作業準則，促進作業流程改善確保軟體產品品質。更將軟體管理設定五個成熟度等級進行評鑑，做為不斷改進精進的參照。

包括：(1) 初始階段；(2) 已管理階段；(3) 已定義階段；(4) 量化管理階段；(5) 最佳化階段（表 7-4）。

表 7-4 軟體管理成熟度等級表

階段等級	說明	流程管理
初始階段	無標準作業流程，依據能力與經驗進行作業。	無相關作業流程管理做法。

表 7-4 （續）

階段等級	說明	流程管理
已管理階段	具備基礎軟體專案管理能力，確保整體過程具有規劃、執行、檢核與控管。設定專案目標，進行有效管理。	1. 需求管理：管理專案產品與產品組件之需求。 2. 專案規劃：建立專案活動計劃。 3. 專案監控：掌握專案進行，對於專案執行成效偏離原計劃時，應採取必要的矯正措施。 4. 供應商協議管理：對於軟體專案供應商，制定合約有效管理。 5. 量測與分析：發展專案所需之量測能力。 6. 流程與產品品質保證：透過稽核或檢核，對於作業品質及產品品質做有效確保。 7. 建構管理：建立包括識別、管制、狀態記錄、稽核之建構管理模式，提供完整性管理。
已定義階段	將已審核過的流程、步驟，予以定義為公司組織內部標準作業辦法與步驟。	1. 需求發展：依照客戶或軟體產品的需求進行發展。 2. 技術解決：對於軟體產品發展、設計過程，提出技術性解決方案。 3. 產品整合：將軟體產品不同模組進行整合，其功能達成原設計目標。 4. 產品驗證：確保軟體產品符合客戶或特定的需求。 5. 產品確認：驗證軟體產品在使用者所需的環境條件下，能夠發揮原設計或特定的功能。 6. 組織流程專注：對於公司組織流程的建立與維護，並且界定與規劃組織流程改善活動。 7. 組織流程定義：建立公司組織適用的流程並適時的維護。 8. 組織訓練：進行人員專業技能培訓，能夠勝任專案的執行。 9. 整合性專案管理：建立專案管理方法與負責人員，具有共同認知與團隊合作架構，達成專案目標。 10. 風險控管：對於會影響軟體產品專案達成之潛在問題進行控制與管理，降低對於專案達成的衝擊。 11. 決策分析與解決方案：以結構化方法進行決策，依照標準準則進行解決方案的評選。
量化管理階段	以數據資料對於軟體產品品質與流程績效進行目標達成與否管理。	1. 組織流程績效：對於企業組織流程建立數據化績效標準。 2. 量化專案管理：數據化專案管理做法，衡量專案績效。
最佳化階段	持續改善，朝向最佳化前進。	1. 組織績效管理：對於企業組織流程、專案執行，進行績效審核。 2. 原因分析與解決方案：對於流程作業及專案上所發生的問題分析其影響的真因，採取解決及改善措施，避免問題再發。

　　由於臺灣軟體產業在面臨軟體輸出大國美國與印度的競爭，能夠取得 CMMI 認證將有助於爭取國際客戶的認同並下單。雖說要達成 CMMI 高階段等級認證所費不貲，但取得 CMMI 認證就像取得 ISO 系統認證一般，是國際認可的管理能力認證。而對於軟體產品的管理上，在實務上會以專案方式展開。對於軟體產品功能目標達成設定不同的檢測項目，產生出查檢表用以確認各項目的達成與否記錄（表 7-5）。

表 7-5 軟體測試查檢表

Project Name：	XXX		Pcode：	XXX	Version	Ver.1.0
Language：	English / TC Chinese		Support OS：	IOS 9.3		
H/W：	Mobile Phone , PAD , Relative Mobile Device					
Issue By：	XXX	Leader	XXX	Date：	xxxx/xx/xx	

No.	Check Items	Result	Status
1.	Main Function Test	Fail	Open Fatal-30，Open Major-20，Open Minor- 11 Bug
2.	Application Test	Pass	Test Pass
3.	Integration Test	Fail	Can not install software in IOS 9.3 operating system.
4.	Reliability Test	Pass	Test 48 hours Passed
5.	Customer Requirement Test	Pass	Meet the Customer requirement.
6.	Final Test	Fail	QA Final Test result is Fail.

Summary Result：
The Software product six test items result are failed.

　　軟體產品與硬體產品在版本、語言、作業系統、操作介面、硬體連接等整合性上有很大不同。故在測試項目的設定上需考慮在不同語言下、不同操作介面、不同硬體搭配及不同操作步驟下等，會影響測試的條件下進行測試。也就是因為這樣的不同條件，故在記錄問題（Bug）上就需要詳述讓問題能夠重現。提供軟體測試問題紀錄表進行填寫，確實反應問題同時檢附問題畫面，有助於研發人員進行處理與解決（表 7-6）。

表7-6 軟體測試問題紀錄表

Bug No.	測試項目	缺失等級	測試者	軟體名稱與版本	軟體語言	測試設備	作業系統	問題描述
Bug-001	Main Function Test	Fatal Bug	XXX	XXX Ver.XX	English	CPU: P G840 2.8G MainBoard: P8H77-M Memory: DDR3 4GB / DDR3 1333 HDD: 500G / 7200rpm SATAIII Monitor: 96VS / 19" Mouse: PS/2 Mouse ROM: iHAS524 / SATA、12DVD+R DL/24DVD+R/8DVD+R Device: Digital Camera	Win 7 Win 10	1. 安裝英文版於 Win 7 / Win 10 作業系統下。 2. 安裝 Digital Camera Driver 並接上裝置 3. 開啟應用軟體，點選主功能頁面 4. 打開 Digital Camera 並切換至「P 模式」 5. 於應用軟體主功能頁面，按滑鼠右鍵，切換至「錄影模式」 Result: 出現藍底白字當機畫面，功能無法動作 Attach File: 當機畫面截圖

　　對於客戶或使用者反應軟體產品的問題，透過客服或工程分析單位確實有效收集問題發生的使用環境與條件，於公司組織端進行問題的複製重現。可設計問題反饋的表格，或於網頁上設計問題反饋頁面讓客戶或使用者填寫。收到問題則需進行分類，並確認問題發生比例。內部則需確認 Test Case 與 Test Plan 的完整度，讓測試範圍完整即早發現問題。確認 Bug Fix 方式，並將解決方式回覆客戶。流程作業方式與要點，可參照軟體產品問題處理流程圖進行（圖 7-1）。

實務小專欄

軟體產業因為沒有生產線，所以沒有大量的設備投資，對於人員的培訓投資相對多且重要。尤其是擔任測試與品管人員需要有「發現蟲（Bug）」的能力與熱忱，才能夠控管軟體產品品質。在實務作業上軟體生效的版本控管也是重要的，每次的生效發行的確實，才可避免客訴與軟體 Update。

軟體生效的版本控管，需進行原始程式碼的比對。採用 File Compare 將可比對包括：(1) 檔案名稱；(2) 日期；(3)File Size；(4) 檔案格式，將每次的發行進行有效確認。其中設計開發人員與品管人員，需對於差異處進行再次驗證，這樣的軟體發行才有保障。

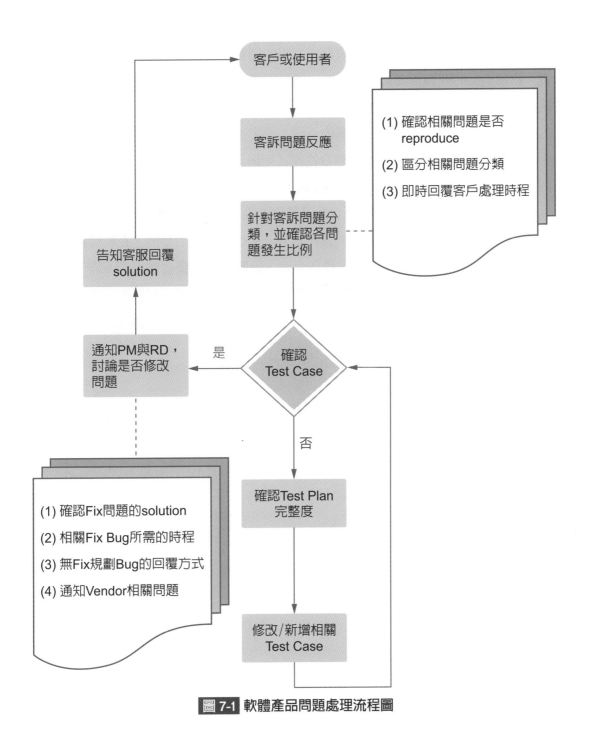

圖 7-1 軟體產品問題處理流程圖

7-4 章節結論

　　臺灣軟體產業的發展雖不如美國與印度來的完整，但近幾年的行動應用類成長不可忽視。軟體產品的開發首要著重於人才，對於人才的投資與培養則是重要的課題。軟體系統發展生命週期與硬體產品不同，強調是調查、分析、設計、開發與實現的過程。而對於軟體品質管理則依軟體特性結構的不同，設定不同的軟體品質目標。美國卡內基美隆大學軟體工程學院發展出 CMMI 整合性模式架構，則是提供軟體工程與系統工程作業準則，促進作業流程改善確保軟體產品品質。

　　將軟體管理區分為 (1) 初始階段；(2) 已管理階段；(3) 已定義階段；(4) 量化管理階段；(5) 最佳化階段五個成熟度等級進行評鑑，做為不斷改進精進的參照。在軟體品質管理實務上，因應版本、語言、作業系統、操作介面、硬體連接等整合性上的不同，對於 Test Case 與 Test Plan 的設計，則是需要進行範圍的擬定。進行軟體測試時需確實進行問題紀錄，讓問題能夠重現與解決。對於客訴問題可透過問題回饋單或問題反應網頁進行回覆，即時處理回覆達成客戶滿意的目標。

從客戶端觀點　思考軟體開發的精神

在臺灣軟體廠商與客戶間難解的困境其實也發生在世界的各個角落。這幾年政府努力推動的 CMMI，其前身其實也是因為美國國防部發現在軟體委外時充滿無法掌握的變數，因而委由美國卡內基大學軟體工程實驗室（SEI）所訂定的一套用來衡量軟體公司成熟度的模型。在臺灣軟體公司目前已經有了不錯的成績，但是在參加一些國內的 CMMI 研討會中，最常聽到軟體廠商抱怨的話就是，「軟體廠商達到了 CMMI 的標準，但是客戶沒有達到一樣的成熟度，反而讓開發的成本更高了」。

也許你可以把這當成軟體廠商在推卸責任的藉口，但客觀來看這也可能是一個重要的理由。你如果去找一些較古老的軟體工程書籍，裡面通常都是以軟體開發人員的觀點來說明軟體開發程序，但是如果你看的是較近代的一些軟體工程書籍，或是參考一些現階段流行的軟體開發程序，例如 Agile，當中都會專門對「客戶」觀點來加以說明。也就是說軟體工程已經不僅僅是「軟體開發人員」的事，而是包含「客戶」一起組成，然後以共同的觀點來進行軟體開發。關於軟體廠商的軟體工程我們已經有太多的資料了，但是對於客戶的軟體工程則剛屬於起步階段，即使是 CMMI ACQ 在臺灣也都只是剛萌芽而已。

以「如果我是一個客戶」的觀點來說明如何增加軟體的成功機率。如果我是一個客戶，我會需要先瞭解「軟體專案」中關於「時程、品質、成本、規模」彼此的關係：

時程

· 根據軟體的規模存在一個不可能再更短的時程，而該時程並無法利用增加人手而達到。根據研究，合理的時程可能是 3*(總人月)1/3(Boehm1981)。

· 當時程縮短至無法達成的時間點時，軟體廠商最有可能的因應方式就是很快的投入至「Coding」，但結果往往是造成更高的 Rework 而增加了時程。

· 當面對無法達成的壓力時，最容易被忽略的因子就是「品質」，但忽略「品質」往往會造成後期的「時程及成本」的增加。

· 縮短時程最有效的因子只有「規模」，根據 80/20 原則，先開發最重要的 20% 的功能。

· 一個 Delay 一年的專案，其實是從 Delay 一天開始的，一個專案的完成度應該由實際產出的客觀來界定，而非專案成員的主觀認定。

· 當專案 Miss 掉一個 Milestone，如果專案的時程與規模不變，沒有太多合理的根據可以支持專案能夠 Meet 後續的 Milestone。

品質

- 在軟體初期忽略的一個錯誤，在後期將需花費 50-200 倍的代價來解決。
- 品質是需要花費成本與時間來達成的，在高度壓力下，往往在初期因忽略品質，而在後期付出更大的代價。
- 每一次的變更都將造成軟體複雜度的增加，如果沒有給予足夠的時間與人力修改，則軟體本身的穩定性將越來越糟。
- 每一次的變更如果無法完整的測試整個系統，沒有人可以擔保系統不會在其他地方發生錯誤，而如果沒有自動化的測試這是不可能達到的。
- 系統會動，能夠正常執行不表示系統內部的品質是好的，在駱駝被最後一根稻草壓垮前是很難從表面上看出來。
- 選擇有品質的軟體廠商，往往比一開始選擇看似便宜的軟體廠商最後所花費的總成本更低許多的。
- 品質的好壞不是靠廠商的品牌或是掛在嘴上的說法，而必須是清楚可見的。
- 一個亂七八糟的系統，其實是從第一行程式碼開始，更甚至於是從還沒有開始寫程式之前就已經決定了。

成本

- 如果選擇錯誤的軟體廠商，即使一開始的成本看似低廉，但最後的結果往往會超過一開始選擇合理成本的優良軟體廠商。
- 一個系統驗收上線並不表示花費的停止，一個無法維護的系統對客戶造成的商業成長限制往往遠超過該軟體本身的開發成本。
- 增加專案的人手並不等於就能夠縮短專案的時程，人員的溝通與管理問題將隨著人手的增加呈現快速的成長。
- 在錯誤的時機點（例如：已經 Delay 的專案後期）增加人手，往往會造成專案更加的 Delay。

規模

- 將所有軟體廠商的產品特色集中在一起變成一個專案的規格，所需的成本不等於直接購買所有產品的價格總和。
- 在軟體專案的世界，想用買腳踏車的錢來買一台賓士，最後只能夠買到一台掛著賓士標誌的壞掉的腳踏車。

- 不同的關鍵人員對於軟體專案所想要的功能往往是衝突的，沒有客戶高層參與的專案往往失敗於較不重要的需求所產生的蔓延。
- 對一個已經完成的系統修改或增加功能所需的時程與成本一定比在需求階段就提出所增加的時程與成本高出許多。
- 需求往往跟隨著專案的進行或是系統的使用才逐漸清楚，大部分的專案在一開始的時候規模都只是預估而已。
- 變更是軟體開發的常態，要求不能變更是不可能的，但如何合理的處理變更是現代軟體開發的關鍵。

資料來源：摘錄自叡揚資訊網頁

解說

　　軟體產品與硬體產品在開發過程中有很大的差異，然而對於品質上的要求是一致的。有良好產品品質，才是爭取客戶與維繫客戶忠誠度的要點。從本文將軟體專案的時程、品質、成本、規模四個構面的重要性提出，從客戶端觀點思考軟體開發的精神，才能確實掌握客戶的需求發展需要的軟體產品。

個案問題討論

1. 從《從客戶端觀點 思考軟體開發的精神》一文，說明軟體開發面臨哪些問題？
2. 從《從客戶端觀點 思考軟體開發的精神》一文，要確保軟體品質可以怎麼做？

章後習題

一、選擇題

( )1. 所謂 SoLoMo 經濟不包括下列哪一項？ (A) 社交 (B) 本地化 (C) 軟體 (D) 行動。

( )2. 系統發展生命週期包括：(1) 初步調查；(2) 系統設計；(3) 系統開發；(4) 系統分析；(5) 系統實施與評估其正確流程步驟爲何？ (A) 12345 (B) 14235 (C) 21435 (D) 31245。

( )3. 需求、設計、履行、驗證、維護的階段性發展過程，每個階段需確實完成後，才可執行下個階段的常見軟體產品開發模式爲何？ (A) 瀑布式模式 (B) 漸進式模式 (C) V 型模式 (D) 快速原型開發模式。

( )4. ISO 9126 軟體產品品質與 ISO 14598 軟體產品評估等標準，定義軟體產品品質模式與度量標準不包括下列哪一項？ (A) 消費者習慣指標 (B) 產品品質模式 (C) 外部及內部度量指標 (D) 使用品質度量指標。

( )5. ISO 9126-1 軟體特性結構不包括下列哪一項？ (A) 功能性 (B) 可靠性 (C) 可用性 (D) 創新性。

二、問答題

1. 企業組織應用軟體發展過程包含哪幾個階段？其內容爲何？
2. 何謂 SoLoMo 經濟？其內容爲何？
3. 何謂 SDLC？區分哪幾個階段其作業內容爲何？
4. 常見軟體開發模式有幾種？其內容爲何？
5. 軟體特性結構包括哪些？其特性區分爲何？
6. 何謂 CMMI？其內容與目的爲何？
7. 軟體管理成熟度等級區分幾個等級？其流程如何進行管理？
8. 如何進行軟體測試查檢？查檢項目如何定義與進行？
9. 爲有效掌握軟體測試問題、重現與解決，軟體測試問題應如何紀錄？應包括哪些所需資訊？
10. 軟體產品問題處理流程如何進行？其要點爲何？

參考文獻

1. 王致均，《一個量化的軟體品質評估模式 - 基於一般使用者觀點》，東海大學碩士論文。

2. 陳政雄，《軟體能力成熟度整合模式下的專案管理流程領域對軟體品質成本影響之研究》，中正大學碩士論文。

3. 經濟部工業局《軟體價值產業推動計畫》。

4. 盧建成，《以增進軟體品質為目的之測試助理系統設計與實作》，中正大學碩士論文。

5. 吳美芳，《軟體程序成熟度、使用者參與度與軟體品質之相關研究》，成功大學碩士論文。

6. 李宜修，《基因型模糊推論軟體品質評估系統》，成功大學碩士論文。

7. 王怡棻，《軟體業四大機會！巨量資料、社交媒體、行動應用、雲端運算》，遠見雜誌。

8. 傅潔瑩，《軟體發展生命週期》，臺灣大學計算機及資訊網路中心程式設計組電子報。

NOTE

六標準差與精實管理

學習要點

1. 了解何謂六標準差。
2. 了解何謂精實生產。
3. 六標準差實務介紹。
4. 精實生產實務介紹。

 關鍵字：Six Sigma、DMAIC、MSA、G R&R、SPC、Lean

整合六標準差及精實生產於 ISO 9000 品質管理系統

在愈來愈嚴峻及動盪和複雜的環境中，企業面臨全球化的激烈競爭下，如何持續滿足及符合顧客要求，將產品及服務品質提升，並縮短交期、降低成本，是企業界面臨的重要挑戰課題。市場的結構已轉換成以消費者為主導權，企業永續經營必須奠基在實際的競爭優勢及持續改善品質價值。現今有很多企業營運模式紛紛導入 ISO 9000 品質管理系統（quality management system, QMS）或六標準差（Six Sigma）或精實生產（lean production），來提升企業形象與流程改進，讓企業持續改善作業流程及創造附加價值。國內通過 ISO 9000 品質管理系統驗證的企業往往抱持著為驗證而驗證，常常將作業流程置之高閣，面對市場競爭和風險挑戰，皆取決於執行者的經驗或其習慣的做法而訂，且做法會因人而異，導致改善時間的長短無法控制亦無法審視其效率與效能。由於 ISO 9000 品質管理系統僅彈性的規範企業應注意事項，卻沒有強制規定必須如何做。然而 ISO 9001：2015 新版條文（International Organization for Standardization, 2015）雖然要求強調風險管理，但延續之前版本僅著重於條文標準，卻無確切的具體改善做法或工具，致使每家企業面對風險所帶來的衝擊亦有所不同。

相較於 ISO 9000 品質管理系統之彈性規範要求，但無提供確切的具體執行改善方針，六標準差有著降低變異之目標，而精實生產則是為了減少（消滅）浪費，兩者皆具有明確及具體的手法或工具用以執行規定改善。然而這兩項改善管理工具，卻沒有相關的條文標準。因此若能將改善工具整合至管理系統內，將可達到相輔相成之功效，故期望將有關六標準差及精實生產管理手法做有效的結合於 ISO 9001：2015 品質管理系統流程，使得企業對於產品或服務能夠持續改善，讓流程結構變得更加有效率及效能。期望企業將改善視為一種常態，同時將知識整合、能力提升，以降低風險，透過此架構所建立之有效的執行文件，將可確保產品及流程的品質，亦可使企業在競爭的環境下讓產品或服務得到不斷持續改善提升品質價值，邁向高品質產品、提升營收、降低成本、提高客戶滿意度，讓企業成為以顧客為導向及賺錢的永續經營團隊。

資料來源：品質學報　26 卷 2 期，92-113 頁（2019 年 4 月）

🧑‍💼 解說

　　筆者以六標準差有著降低變異之目標以及降低不必要浪費的精實生產兩項工具，整合至 ISO 9001：2015 品質管理系統作法是考慮到公司組織存在多套管理系統與做法，有效整合可發揮最大效益。在現有管理基礎下能夠持續改善精益求精，並且減少不必要的浪費。讓工具與手法的應用更為落實，達成公司組織獲利的基本目標。

❓ 個案問題討論

1. 從「整合六標準差及精實生產於 ISO 9000 品質管理系統」的文章，你看到哪些工具與手法的採用，反應出良好品質的管理進而獲利？

2. 要將整合六標準差及精實生產於 ISO 9000 品質管理系統，你是否有更好的做法或建議？

前言

　　品質管理理論與手法，隨著時代演進到全面品質管理（TQM）有良好的整合。精益求精的要求下，品質如何去量測與確保成爲重要的課題。到了摩托羅拉公司提出六標準差（6σ）概念，在品質管理上演變成強調以標準偏差的統計確保。包括 GE、SONY、IBM…等公司實際應用，確實在企業流程設計、改善和持續改善上帶來成效。同時精實管理也是現今公司組織所積極推動的，如何減少不必要的浪費達成獲利的目標，更是重要的活動。這些品質管理手法與工具，都是爲了有效解決存在於公司組織內的問題。本文以六標準差及精實管理方法的精神與流程進行探究，輔以推動實務的分享，闡述如何展開六標準差與精實管理應用。

 ## 六標準差管理方法

　　六標準差是一套改善的工具，是爲了滿足客戶以及讓公司組織獲利爲目的。六標準差是在　九八五年由摩托羅拉（Motorola）工程師比爾・史密斯（Bill Smith）所提出。他認爲「誤差」是造成產品失效的原因，而要解決誤差的問題，最根本的方法就是進行流程改善。而六標準差是使用統計方法來衡量生產的製程能力，並進一步消除浪費的變異。摩托羅拉（Motorola）公司於一九八五年十一月十五日開始推行六標準差，隔年就獲得美國國家品質獎（Malcolm Baldrige National Quality Award）肯定。一九九五年聯迅公司（Allied Signal）開始推動六標準差效果卓越・同年通用電子（GE）傑克・威爾許（Jack Welch）大力推動六標準差，讓奇異產品的不良率降低到千萬分之 34，可觀的績效使六標準差蔚爲風潮。

　　「標準差」是統計學上的專有名詞，是指在某個流程中，變異（variation）程度的度量值，以 σ（讀作 sigma）這個希臘字母表示。作爲品質水準之量測單位（metric）衡量統計資料離散情形所使用的符號，用以測量接近品質特性之目標的程度，從個體離均值的偏離程度，來了解品質水準的能力程度與允許缺失數。至於「六是什麼意思？」由表 8-1 可知，如果公司僅有二個標準差，就表示每 100 萬次操作機會中，會有約 30 萬次誤差數。 以此類推，當公司做到六標準差就可說是近乎完美地達成顧客要求，亦即每百萬次操作中，僅有 3.4 次缺失數，達到 99.9997% 的良率。以每百萬機會的缺失數（defects per million opportunities, DPMO）來表達製程的品質水準，公式如下：

$$DPMO = \frac{缺失總數}{單位總數 \times 一單位上的缺失機會數} \times 10^6$$

表 8-1 標準差允許缺失數對照表

標準差能力 (Sigma)	允許缺失數 (ppm)
2	308,537
3	66,807
4	6,210
5	233
6	3.4

　　當企業組織以 6σ 為目標值時，表示品質水準於每百萬件中允許 3.4 件的缺失數。視為當製程平均值等於規格中心值，而 6σ 之水準則表示品質特性變異之降低，使規格中心值至規格上限或規格下限之距離，以標準差衡量，其距離為 6σ。其離散程度水準與製程能力的對應，可參照圖 8-1。

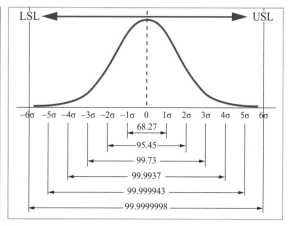

中心沒偏移目標值（正態分布）			
Sigma水準 (±kσ) (=cpk×3)	C_p/C_{pk}	良率%	不良率 PPM / DPMO
1 σ	0.33	68.27%	317,400
2 σ	0.67	95.45%	45,500
3 σ	1.00	99.73%	2,700
4 σ	1.33	99.9937%	63.4
5 σ	1.67	99.999943%	0.574
6 σ	2.00	99.9999998%	0.002

圖 8-1 標準差水準圖

　　同時在標準差的管理觀念中，作為企業品質改善之方法（methodology）提出的是 DMAIC 流程改善方法（圖 8-2）。其步驟說明如下：

1. 定義（Define）：將顧客需求視為策略方向，訂定對應專案與可衡量的目標與可接受。在執行過程以可行性高、複雜性低、短時間可達成，可獲得較大效益之專案展開。其中若影響原因與改善對策皆很明顯並可立即解決（例如：提案改善或品管圈活動改善），則不可列為 Six Sigma 管理之專案。

2. 量測（Measure）：衡量執行的關鍵績效指標項目，與目標或客戶需求之離散程度。進行製程能力分析與確認量測系統的分析，篩選出可能影響結果之關鍵輸入變數。

3. 分析（Analyze）：針對所收集的數據資料，應用統計工具進行解析，發掘影響關鍵輸出變數之真因輸入變數。

4. 改善（Improve）：透過實驗設計（DOE）方法，以影響關鍵輸出變數之真因輸入變數，找出影響結果之各變數之最佳水準，所獲得關鍵輸出變數與關鍵輸入變數之關係式子，進行改善達成關鍵績效。

5. 控制（Control）：對於專案管理與追蹤，控制關鍵輸入變數與維持改善的績效。

圖 8-2 DMAIC 流程改善方法步驟圖

改善的觀念在於可控的 x 項目進行調整，則會改變輸出變數 y 並具有可衡量，用以滿足客戶對於產品品質的需求（圖 8-3）。

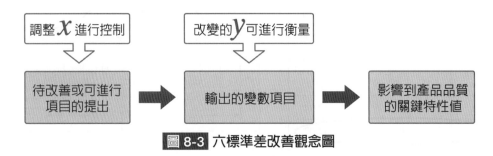

圖 8-3 六標準差改善觀念圖

為落實 DMAIC 流程改善，則透過 (1)Top-Down 支持；(2) 以面臨問題選擇效益高專案執行；(3) 依循 DMAIC 流程改善步驟；(4) 使用適當的統計工具；(5) 合格訓練有數的人員；(6) 產出正確的效益結果以上的管理來執行。採用 Six Sigma 管理的範圍一般包括：

1. DFSS（Design for Six Sigma）：六標準差產品設計。於產品構想開發階段，將對於影響產品品質的因子納入，滿足客戶需求。

2. PFSS（Process for Six Sigma）：六標準差製程管理。於產品製造階段，將對於影響產品品質的變異與製程能力分析掌控，維持生產水準。

3. MFSS（Process for Six Sigma）：六標準差目標管理。於公司策略目標管理上，建立包括 Six Sigma 為目標進行的策略規劃、人力能力培訓、創新管理、獎勵晉升制度與流程管理。

六標準差推動方式是採由上而下（Top to Down）的管理方式。主要由企業組織最高管理者發起，採取推動組織結構化方式進行。六標準差推動角色包括盟主（Champion）、大黑帶（Master Black Belt, MBB）、黑帶（Black Belt, BB）與綠帶（Green Belt, GB），如圖 8-4 所示。

圖 8-4 六標準差推動角色階層圖

1. 盟主（Champion）：不全面參與活動，但承擔成敗。會由公司組織高階主管擔任，為六標準差專案負責人。要確認六標準專案目標與年度目標一致，並依照專案推動上要求上層提供專案小組所需的資源。當各六標準差專案間有所衝突時，負責跨小組間的溝通協調。

2. 大黑帶（Master Black Belt, MBB）：負責六標準差專案的領導，具備統計手法與工具使用教導能力。在公司組織內部具有資深的工程技術與管理背景。負責帶領與教導黑帶或六標準差小組任務，掌握六標準差專案進度，確認關鍵任務都能如時程規劃完成。

3. 黑帶（Black Belt, BB）：為專職品管主管，全職負責六標準差專案的執行。需要熟悉六標準差管理觀念以及統計工具的使用，持續追蹤改善，讓專案達成預期的效果。

4. 綠帶（Master Black Belt, MBB）：為六標準差專案的參與成員。仍負責原有工作任務，並將六標準差管理觀念以及統計工具的使用，融入日常工作任務之中。

▶ 8-1-1 六標準差推動實務

在實務上，公司組織會開始去推動六標準差，往往是自身要提升企業競爭力或是受客戶強烈要求。面對市場環境企業間的競爭，如何提升產品或服務品質、如何降低浪費與獲得高顧客滿意度，都是促使公司組織去導入六標準差專案的契機。另外一方面是來自於客戶的要求，為了生意上的考量則會被動式導入。

　　而在實務上爲有效推動六標準差進行改善或潛移默化形成文化，會採取建立六標準差推行組織方式執行（圖 8-5）。

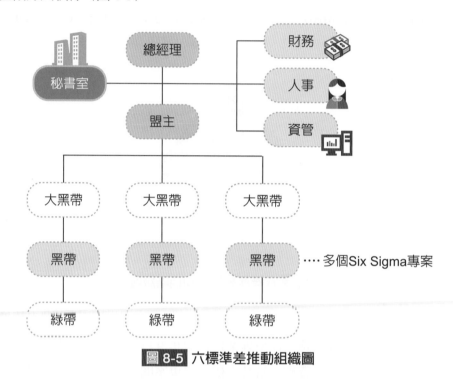

圖 8-5 六標準差推動組織圖

　　除了一般六標準差推行的角色外，爲落實與管理增加其他角色，相關權責說明如下：

1. 財務（Finance）：由企業組織內部財務人員擔任，負責制定與審核專案成效。對於六標準差專案的改善節省金額進行計算，審核最終效益。

2. 人事（Human Resource）：由企業組織內部人事人員擔任，負責獎勵與晉升制度擬定。將六標準差活動內化爲公司重視的指標，依據執行適當給予獎勵與晉升的提報。同時規劃六標準差相關工具訓練課程，形成內部文化。

3. 資訊技術（Information Technology）：由企業組織內部 IT 人員擔任，負責建立六標準差系統與資料庫。將六標準差活動計劃、專案項目、統計工具應用、執行成效、活動效益、獎勵晉升……等，建立系統有效公佈與管理，提供查詢與學習。

4. 秘書室（Security）：依據六標準差專案需要設置。負責依據活動時程，安排期間與期末發表。協助盟主對於專案的追蹤與彙整，將成果回報於最高管理者。

8-1-2 六標準差推動要點

　　實務推動上，首要是高階管理階層對於六標準差導入有共識與支持，可於方針及策略規劃會議時，列入討論議題來進行專案選定。對於選定的專案推派適合的盟主，負責專案的成敗。有了共識及專案項目，同時間展開 (1) 財務專案審核辦法；(2) 人事獎勵與

晉升辦法；(3) IT 管理系統建置基礎建設，讓六標準差推動上有完整管理架構。盟主依照專案目標與規劃，決定專案下大黑帶、黑帶、綠帶的成員。專案團隊成員須經過六標準差統計工具使用訓練，並通過所屬角色的測驗通過。在專案進行過程可安排期中及期末報告，確認專案的執行進度與掌握效益（圖 8-6）。

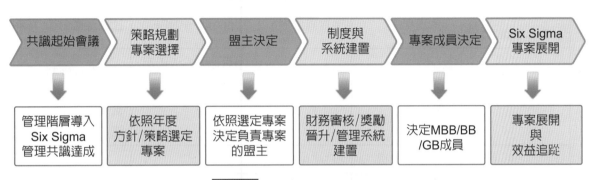

圖 8-6 六標準差推動步驟圖

六標準差推動步驟在專案選定及統計工具訓練更為重要，需要的時間較多。在專案選定上可以 (1) 品質；(2) 成本；(3) 時效；(4) 創新四個分類與策略，進行討論與決定（表8-2）。

表 8-2 六標準差建議專案表

專案分類	建議專案題目
品質	提高產品直通率（特定策略產品）
	降低產品機構設計不良率（特定機構設計產品）
成本	降低產品 DOA 失敗成本（特定策略產品）
	降低產品生產治具費用
時效	提高訂單交期準確率
	縮短產品功能測試驗證週期（特定策略產品）
創新	產品模組設計最佳化
	策略產品生產流程最佳化

而在統計工具訓練上，則可依照 DMAIC 流程改善方法步驟所對照訓練課程進行安排（表 8-3）。可由內部學有統計的講師擔任，或是尋求外部資源進行，並區分大黑帶、黑帶、綠帶的成員所需必修與選修課程，參與訓練與測驗讓人員熟悉六標準差統計工具與手法的應用。

表 8-3 六標準差流程 v.s 訓練課程對照表

定義 (Define)	量測 (Measure)	分析 (Analyze)	改善 (Improve)	控制 (Control)
基礎統計學	基礎統計學	假設檢定	DOA	防呆設計
COPQ	資料收集	迴歸分析	全因子 DOE	精實生產管理
統計軟體使用（Ex：Minitab）	作業流程圖	多變異分析	部份因子 DOE	控制計畫
	量測系統分析	ANOVA 分析	其他適合改善方法	統計製程管制
	因果關係矩陣	DFMEA		其他適合控制方法
	製程能力分析	PFMEA		
	其他適合量測工具	其他適合分析工具		

在實務推動上，當然也有六標準差推動上失敗的案例。尤其是在基礎訓練上，負責推動六標準差專案活動的顧問師或帶領專案的執行大黑帶是否有活動經驗，直接影響到專案成功的要素。在初期進行六標準差活動專案遴選時，更是要留意改善範圍是否過大，避免執行時間過長無法結案。也要事先確認六標準差活動專案的數據資料收集來源，提供統計分析。不同的六標準差專案需要選擇適合的專案成員，尤其要注意技術能力（該領域的 Know-How）的具備。這些都是常見六標準差推動上失敗的影響因素，要於初期就要有效的規劃與評估。

六標準差要能成功推動，須具備幾項關鍵因素。

1. 最高管理者表達對於六標準差活動的決心、支持與承諾。

2. 最高管理者對六標準差活動的參與，讓成員感受到公司組織是重視的。

3. 推動組織成員須了解六標準差管理觀念以及統計工具的使用。

4. 遴選六標準差專案需與公司組織目標及 KPI 結合，依重要性進行考量。

5. 定期召開會議，追蹤六標準差專案進度、面臨問題與採取對策。

6. 專案結束進行公開表揚，獎勵專案成員。

7. 與人事獎勵晉升辦法結合，推動更多員工的參與。

實務小專欄

很多公司組織在內部推動六標準差的專案活動，僅是當作「專案」來推展，並未與人事獎勵與晉升辦法進行結合，以至於只有遴選出來的種子人員「抽空參與」，未能推展以及形成重視品質的文化。認為自己雖是專案的成員，但仍有例行的工作要做，推動六標準差只有在空閒時間時才做，長時間下來失去導入六標準差的目的，最後也推展不下去。推動六標準差的初期若能與人事獎勵與晉升結合，就能於第一時間讓全體員工了解公司是重視品質的，也對人材有量化的衡量標準。大家才會知道需要去精進自己的能力、需要應用統計的工具、需要通過六標準差綠帶或黑帶資格認證、需要加入六標差專案團隊，最終得以達成推展的目標與成效。

8-1-3　量測分析

在六標準差改善的觀念裡，很重要的是輸出變數具有可衡量特性，在業界常以量測系統分析（Measurement system analysis, MSA）確保產品生產過程中會影響到品質的變異。其中要掌握製程或流程的兩個特性

1. 重複性（Repeatability）：因量測儀器所產生的變異；當同一零件的同一種特徵由同一個人進行多次測量時變異的總和。其實驗數據必須符合：同一人員、同一產品、同一環境、同一位置、同一儀器、短期時間內進行量測，得到觀測變異值。

2. 重現性（Reproducibility）：因量測人員所產生的變異；當同一零件的同一種特徵由不同的人使用同一量具進行測量時，在測量平均值方面的變異的總和。其實驗數據必須符合：不同人員、同一產品、同一環境、同一位置、同一儀器、短期時間內進行量測，得到觀測變異值。

使用這些量具（Gauge）進行產品的量測，稱為量測精度指標（Gauge Repeatability& Reproducibility, GRR）。產生的數據使用統計方法分析數據，掌握其中的變異有多少是量具所影響或是由不同的生產技術員量測的問題造成。掌握變異的比例其目的是用以判定量具是否正常提供量測，也確保生產產品的品質。

量測精度指標（Gauge Repeatability& Reproducibility,GRR）量測數據資料收集如下說明：

(1) 技術員：隨機挑選經過訓練具有使用量具資格的人員，用以進行重現性（Reproducibility）的條件及其敏感程度。

(2) 受測品：於生產相同規格產品中，隨機抽樣 5 到 10 個樣品進行量測。

(3) 量測次數：受測品的特性值，至少量測 2 次以上。

1. 執行方法

(1) 決定受測種類的變異。

(2) 挑選 m 位技術員進行量測試驗，確認影響程度。

(3) 決定受測產品 k 以及重複量測次數 n，量具精準度應為受測品公差的 1/10。

(4) 需確認環境的變化是否會影響到量測結果。

2. 量測精度指標分析：GRR 指標，其公式如下。

$$GRR\% = \frac{量測標準差 \times 6}{產品規格公差 (USL\text{-}LSL)}$$

在實務作業上，可以收集 A、B、C 三位作業員針對相同的 10 個樣品（Sample）各自進行 4 次量測的結果進行量測數據收集與計算，最終將可得 GRR% 值提供判斷。

3. 接受與否判斷準則

(1) 低於 10% 不良：良好的量具。

(2) 介於 10% 至 30% 不良：基於應用的重要性或量具成本，可能予以接受。

(3) 超過 30% 不良：考慮不接受，應盡一切努力進行糾正。

整個量測精度指標的計算，可參考表 8-4 進行。

表 8-4 量測精度指標計算表

Gauge Capability

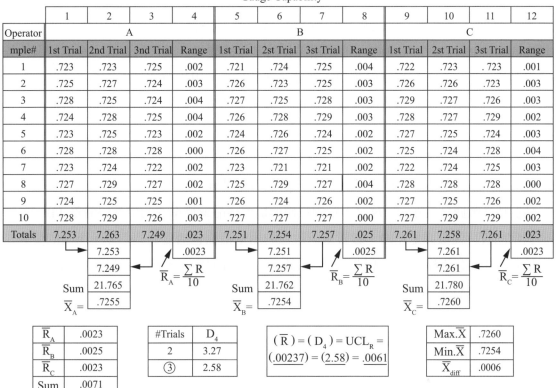

	1	2	3	4	5	6	7	8	9	10	11	12
Operator	A				B				C			
mple#	1st Trial	2nd Trial	3nd Trial	Range	1st Trial	2st Trial	3st Trial	Range	1st Trial	2st Trial	3st Trial	Range
1	.723	.723	.725	.002	.721	.724	.725	.004	.722	.723	.723	.001
2	.725	.727	.724	.003	.726	.723	.725	.003	.726	.726	.723	.003
3	.728	.725	.724	.004	.727	.725	.728	.003	.729	.727	.726	.003
4	.724	.728	.725	.004	.726	.728	.729	.003	.728	.727	.729	.002
5	.723	.725	.723	.002	.724	.726	.724	.002	.727	.725	.724	.003
6	.728	.728	.728	.000	.726	.727	.725	.002	.725	.724	.728	.004
7	.723	.724	.722	.002	.723	.721	.721	.002	.722	.724	.725	.003
8	.727	.729	.727	.002	.725	.729	.727	.004	.728	.728	.728	.000
9	.724	.725	.725	.001	.726	.724	.726	.002	.727	.725	.726	.002
10	.728	.729	.726	.003	.727	.727	.727	.000	.727	.729	.729	.002
Totals	7.253	7.263	7.249	.023	7.251	7.254	7.257	.025	7.261	7.258	7.261	.023

7.253
7.249
Sum 21.765
$\overline{X}_A$ = .7255

$.0023$
$\overline{R}_A = \dfrac{\sum R}{10}$

7.251
7.257
Sum 21.762
$\overline{X}_B$ = .7254

$.0025$
$\overline{R}_B = \dfrac{\sum R}{10}$

7.261
7.261
Sum 21.780
$\overline{X}_C$ = .7260

$.0023$
$\overline{R}_C = \dfrac{\sum R}{10}$

$\overline{R}_A$	.0023
$\overline{R}_B$	.0025
$\overline{R}_C$	.0023
Sum	.0071
$\overline{R}$	.00237

$\overline{R} = \dfrac{\sum \overline{R}}{3}$

#Trials	D_4
2	3.27
③	2.58

$(\overline{R}) = (D_4) = UCL_R = (.00237) = (2.58) = .0061$

Max.$\overline{X}$	.7260
Min.$\overline{X}$	.7254
$\overline{X}_{diff}$	.0006

From data sheet：

$\overline{R}$ = .00237

$\overline{X}_{diff}$ = .0006

Measurement Unit Analysis

% Tolerance Analysis

Repeatability－Equipment Variation(E.V.)

E.V. = $(\overline{R}) \times (k_2)$

= $(.00237) \times (3.05)$ = $.0072$

Trials	2	③
k_1	4.56	3.05

% E.V. = 100[(E.V.)^2/ ((R and R)×(Tolerance))]

= 100[(.0072)^2/ (.0077×.01)]

= 70%

Reproducibility－Appraiser Variation(A.V.)

A.V. = $(\overline{X}_{diff}) \times (k_1)$

= $(.0006) \times (7.70)$ = $.0016$

Operators	2	③
k_2	3.65	2.07

% A.V. = 100[(A.V.)^2/ ((R and R)×(Tolerance))]

= 100[(.0016)^2/ (.0074×.01)]

= 3.5%

Repeatability and Reproducibility(R and R)

R and R = $\sqrt{(E.V.)^2 \times (A.V.)^2}$

= $\sqrt{(.0072)^2 \times (.0016)^2}$

= $.0074$

% R and R = (% E.V.) + (% A.V.)

= $(70\%)^2$/ (3.5%)]

= 73.5%

Department # _____

Machine # _____

Gauge # _____

Dimension .725±.005

Acceptability Criteria

•Under 10% error－ very good gauge

•10% to 30% error－may be acceptable based upon importance of application, cost of gauge,etc.

•Over 30% error－ considered not acceptable－every effort should be made to correct it

▶ 8-1-4 統計製程管制

在製造過程要進行數據量測，會發現其中存有變異（Variation）。主要的影響原因是產品間存有差異，以及重覆量測相同物件的結果存在差異。其中統計製程管制（Statistical Process Control, SPC）是用來探討其中的變異，其目的是減少變異的發生達成管制的目標。統計製程所量測到的數據並進行分析，用以確認是否符合原產品設計規格，作為製程機台設備調整與流程改善的依據。製程是否穩定，可從量測數據的一致性進行確認。

舉例來說，要確認量測系統是否是穩定的，可以使用標準樣品或標準片（Golden Sample）來進行品質特性的量測。當量測數值與標準樣品或標準片的標準值近似，則表示品質特性數據是良好的。反之，量測數值與標準樣品或標準片的標準值偏差（Bias），則表示品質特性數據是差的。影響量測數值的衡量指標包括變異與偏差，所謂的變異是指量測數據的分佈程度，偏差則為量測數據平均值偏離標準樣品或標準片的標準值。

在開始進行量測前，需要確認所使用的製程機台設備是否在有效的校驗週期內，符合可供量測使用的條件。同時在確認製程機台設備在已使用年份上是否已久，是否該調整校驗週期確保其精準度。是否有人為或是機器設備影響，而造成量測數據在平均值或變異數上有所差異。整體要進行量測系統之目的包括下列二點：

1. 確認量測系統能滿足製程需求：對於新採買機器設備或是校驗合格的量具，需要確認是否具備正確分析的功能，用以評估量測設備的適用性以及最終量測數據的可信度。
2. 分辨統計製程管制：分析是否有特殊原因，而造成量測系統發生誤差過大的情形。

統計製程管制是於製程過程收集生產資料並進行統計分析，透過數據用以掌握製程的異常。經由問題分析與驗證確認異常的原因，採取改善措施，整體流程步驟如圖 8-7 所示。

1. 確立製程流程：依據生產工序繪製流程圖，並制定 QC 工程表提供使用。
2. 決定管制項目：對於客戶需求、產品規格設定該產品管制項目。
3. 實施標準化：製程標準化是維持生產品質的重要步驟，包括為了提升製程能力所進行的解析，改善問題後須進行標準化，同時對於製程異常於調整後，亦需要標準化。
4. 製程能力調查：確認在製程標準化穩定狀態下，產品生產品質是否達成客戶品質指標需求。

5. 管制圖的運用：依照產品規格設定品質管制圖，進行適當管制確保產品品質水準。

6. 問題分析與解決：使用科學方法，於面臨問題時有效進行分析並採取解決對策。

7. 製程之繼續管制：當製程條件並未變動時，維持原有管制作業。

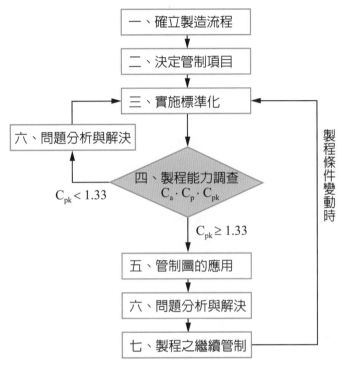

圖 8-7 統計製程管制步驟圖（資料來源：張國棟，《SPC 統計製程管制與軟體應用》）

 精實管理方法

　　精實（Lean）一詞起源來自於日本的製造業，最早出現的時間點可追溯至 1988 年《精益生產系統的勝利》一文提出。後續有美國麻省理工學院（MIT）以日本汽車產業為對象的「日本專案計畫」，其內容是由 James P. Womack 及 Daniel T. Jones 針對豐田式式生產系統（Toyota Production System, TPS）進行實證研究，進而發現日本汽車競爭力優於歐美車之處，其中的關鍵就是精實生產（Lean Production）。同時於 1990 年出版《改變世界的機器》（The Machine that Changed the World）一書，將精實生產的威力引介至英語系國家。所以精實生產管理（Lean Production Management）是以豐田式生產系統為師，其中最重要的關鍵是以客戶需求為導向，排除一切不必要的浪費。所謂「浪費」就是無法提高附加價值的各種現象或結果。而生產常見的不必要浪費有七種，如表 8-5 所示。

表 8-5 生產七大不必要浪費表

運 輸 浪 費	人員走動過多、需要專門運輸來實現工序間的銜接、過多的運輸。
動 作 浪 費	作業動作不連貫、幅度過大、轉身角度大、彎腰、動作重複或多餘等形成浪費。
加 工 浪 費	加工餘量過大、無謂的加工精度、多餘的產品功能、重複檢驗包裝等。
不 良 浪 費	生產過程產生的不良品。
等 待 浪 費	人員（以及設備）在等待；或者有時忙、有時閒的不均衡現象。
過 量 浪 費	過量生產常被視為最大浪費。結果導致庫存、資金的佔用以及潛在的報廢風險。過早生產或在線庫存都視為過量生產。
庫 存 浪 費	企業有大量原材料、在製品以及成品庫存。

對於企業組織來說景氣好的時候，賺錢的機會多有利潤，不必要的浪費容易被忽視。而在景氣相對差的時候，利潤低、浪費的議題就會被凸顯，這時就得靠降低浪費進行管理。透過減少不必要的浪費的過程，進而提升產品生產效率。追求生產與裝配製程的及時化（Just in Time, JIT）與落實品質管理的自動化生產，其目的是降低存貨成本與達成高顧客滿意度。同時透過「持續改善活動」的推動，達成流程順暢、有秩序、節奏佳與沒有多餘浪費的製程，故而稱之為精實生產。

▶ 8-2-1 精實管理推動要點

今井正明（1997）指出在工廠有兩種活動持續進行：「有附加價值」與「沒有附加價值」，端看管理者是否站在客戶的角度進行審視。精實管理的推動是要以滿足客戶為主，沒有附加價值的浪費要予以消除。要有效推動精實管理，需要掌握三個關鍵原則：

1. 拉式生產：當站生產工序僅在下一個工序有需求時才啟動，生產工序是環環相扣，相互制約與平衡的。企業組織採拉式生產，由顧客驅動生產的節奏，才展開生產，其定義如下式子說明：

   t = T/Q（t：生產節奏時間，T：可用生產時間，Q：顧客需求數量）

2. 消除浪費：消除工廠內不必要的浪費，才能夠達成拉式生產的目的。

3. 自動化：製造設備能夠自動辨識失誤與進一步停止，亦包括人機協作的配合，防止可能的失誤發生。

   基於上述原則，在實務推動上，其步驟包括：(1) 一開始需要站在客戶角度了解客戶需求，作為精實管理的價值標的；(2) 在工廠內展開能夠創造價值的必要流程，並且將無

法創造價值的流程改善或去除；(3) 維持價值流能夠在工廠內運行順暢。生產採接到客戶訂單拉式方式，可有效控管生產成本且有更多彈性，公司組織內部也要推動持續改善活動，達成精益求精的目標。整體來說精實管理推動步驟是一個管理循環，完成主要五個步驟後，可重新檢討並定義新價值，過程如圖 8-8 所示。

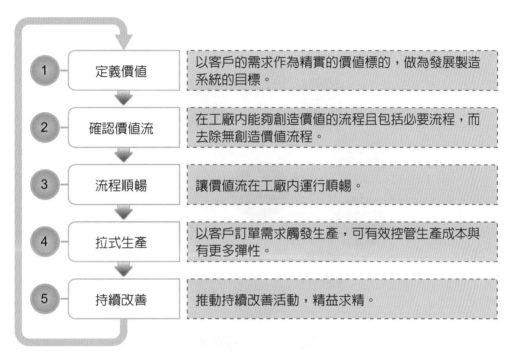

圖 8-8　精實管理推動步驟圖

　　推動精實管理從公司策略訂定展開，要搭配主要與次要的精實工具使用。主要的精實工具是在公司組織內建立標準化流程，推動全員參與的 5S 活動。以拉式進行產品生產，也要對生產所使用的機器設備進行預防性的維修作業。而在次要的精實工具，則是搭配例如流程卡、看板管理、先進先出管理…等手法，有效落實發揮效益如表 8-6 所示。

表 8-6　精實工具的使用對照表

策略	主要的精實工具	次要的精實工具
去除不必要的浪費 合併會造成浪費的活動 改善生產設備的稼動率 降低變異性	建立標準化流程 推動 5S 活動 生產機器設備預防性維修 拉式生產管理	流程卡（Process card）使用 看板（Kanban）管理 先進先出（First In First Out,FIFO）管理

(▶) 8-2-2　精實管理推動實務

在實務上要能有效於公司組織推動精實管理，其中的基礎建設不可少。從 (1) 企業文化的建立；(2) 明確企業願景；(3) 設定營運目標；(4) 掌握分析事實；(5) 評估改善方法；(6) 規劃改善計畫；(7) 善用改善工具；(8) 落實改善活動；(9) 檢核改善成果；(10) 建立改善循環，都是實務推動上不可或缺的要項，如圖 8-9 所示。

圖 8-9 精實管理基礎建設圖

而為了真正有效推動精實管理，會採取建立精實管理推動組織方式執行（圖 8-10）。最高管理者仍是負責精實管理推動的成敗，委任精實管理主委負責管理精實專案與進度掌握。設有推進室跟進精實專案，轄下有精實生產小組負責拉式生產管理與避免產生不必要浪費，改善小組負責改善活動的執行，IT 系統小組負責開發系統協助精實管理，稽核小組負責稽核精實專案與活動落實情況，對於跨部門或跨小組的專案，則由專案小組負責。

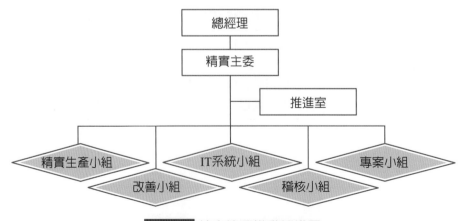

圖 8-10 精實管理推動組織圖

在實務上精實生產也有遵循月光之父中尾千尋所提出月光工作室的觀念，改善必須「用手」去想。訴求實際動手，才會發現問題，找到真正的浪費。

1. 快速模擬：使用手邊可利用的材料，粗糙但快速不斷的嘗試，選擇出最適生產的精實方案。

2. 精實基礎設施：製作工作檯、料架、料盒、搬運車、看板…等，用於精實管理的基礎設施設備。

3. 製作精實夾治具：提供生產所需夾治具，達成效率作業目的。

4. 低成本自動化：製作小型低成本自動化設備，輔助生產。

5. 專用設備：評估後，針對必需性設置專用設備。

其中精實的精神來自於豐田式生產系統的改善力，著重先試做再思考。跳脫以過往成功經驗為基礎的思考，做了就知道，如圖 8-11 所示。

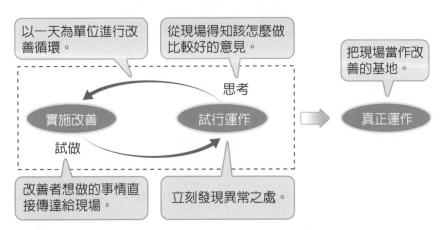

圖 8-11 豐田式改善力示意圖（資料來源：松井順一，《豐田改善術》）

 精實六標準差

傳統上 6σ 較著重在品質提升，而 Lean 6σ 是六標準差精神的延伸，更重視流程改善與減少前置時間。精實六標準差方法是結合六標準差與精實管理的步驟與要點，在「定義階段」是從顧客的聲音中，找出顧客認為具價值的項目，藉以確認專案範圍以及可改善的機會；而在「衡量階段」則可透過價值流流程圖，讓管理者快速掌握在製造流程裡，有哪些是迫切需要改善的無價值活動，藉以瞭解流程現況；「分析階段」則是透過流程

和資料分析，找出無價值活動發生的根本原因；「改善階段」則使用精實或六標準差中之工具，對於問題的根本原因提出解決方案；最後，「控制階段」是建立一套能維持改善成效的方法。將真實數據與事實，透過團隊合作方式進行流程改善達成顧客滿意，其架構如圖 8-12 所示。

圖 8-12 精實六標準差架構圖

實施精實六標準差的好處可由財務、改善與技術方面看出成效：

1. 財務方面：減少不必的浪費降低營運成本，幫助公司組織獲得更多利潤收益成長。
2. 改善方面：改善交貨時間，降低庫存，進一步提昇顧客滿意度。
3. 技術方面：進行團隊合作，共同解決問題，提供決策。

對於要落實實施精實六標準差，不可或缺的法則共有 5 項：

1. 市場法則：以客戶對於產品的品質標準進行開發與檢驗，失去客戶將直接影響公司組織獲利。
2. 彈性法則：維持公司組織內作業流程的彈性，避免影響到產品生產的情況發生。
3. 焦點法則：掌握 80 / 20 法則，將影響 80% 問題發生的 20% 流程作業，有效聚焦改善。
4. 速率法則：在製品（Work in Process, WIP）與生產速率成反比，唯有減少在製品才可加快產品的產出。
5. 成本法則：產品或服務的種類項目多，會增加在製品數量與成本，可依市場需求進行生產產品的策略。

以管理的角度進行審視，精實六標準差成功的關鍵在於良好掌握 3P（People，Processes，Products）與企業組織經營策略與優先順序。為有效縮短前置時間，以適合的系統改善作業流程，過程輔以工具（DOE、SPC、FMEA…等）的使用，並持續改善。

實務小專欄

從 1950 年代即時生產管理（Just in time, JIT）、1980 年代豐田式生產系統（Toyota Production System, TPS）與 1990 年代精實生產（Lean Production），我們看到產品生產模式的轉變與精進。從生產過程掌握物流與資訊流的同步，實現以符合訂單的適量的原物料，在適時提供於適地的需要，生產出適質的產品。此種管理方法可以減少庫存、縮短工時、降低成本與提高生產效率。隨著時間的累積，包括：經營理念、生產組織、物流控制、品質管理、成本控制、庫存管理、現場管理和現場改善等，演變成廣為大眾熟悉的豐田式生產系統，精益生產管理則是美國麻省理工學院給予豐田式生產管理的名稱。不管是甚麼樣的名稱，此管理方法在實務應用上確實掌握企業組織 (1) 物流；(2) 金流；(3) 資訊流。以在不浪費的前提下達成客戶訂單的需求，達成獲利的最大目標。

8-4　章節結論

　　Six Sigma的管理方式，提供企業組織一個改善的方法論。這樣的方法與統計工具的採用，維持一定的品質水準也能滿足客戶需求。持續進行流程改善，在 (1) 品質；(2) 成本；(3) 時效；(4) 創新，可看出成效增加企業組織競爭力。長遠將 Six Sigma 作為企業組織經營管理系統，將可驅動策略與專案的制定。不管是精實管理或精實六標準差，都是讓企業組織以精實、迅速反應、持續改善為宗旨，達成永續經營的目標。其中的要點包括有：

1. 豐田精實 3P（Production, Preparation, Process）生產準備，讓品質融入生產製程裡，一開始就做出沒有生產浪費的產品。
2. 改善必須用手去想，實際去動手，才會發現問題，找到真正的浪費。
3. 持續不斷改善，營造良好環境，最重要的是培育人才。
4. 人人都可是改善的小尖兵，將集思廣益的想法透過提案提出，有時就是改善好作法。
5. 精實生產管理，需要投入資源進行改善。如何讓最高管理者知道，節省不必要的浪費其實需要適度的支出，這是在推行中常見的問題。
6. 管理手法、改善作法、管理工具，唯有「相信」才能落實與延續。

生產系統於先進智能製造之展望

工業 4.0 的全球趨勢引導出的智能生產（Hermann et al., 2016），也引導出大量個人化生產製造（Mass Personalization）。精實管理（Lean Management）強調的零存貨與及時生產，在變動快速的環境下，成為提升生產績效的標竿方法。Lu and Yang（2015）應用精實管理與手法在高度自動化生產環境下，面對高度生產系統變異以及需求不確定，有效提高瓶頸站點的產出。精實生產以豐田生產系統（Toyota Production System, TPS）為基礎，強調持續改善與消除浪費（包括等待、儲存、搬運、檢查等純浪費與相關的必要浪費），落實生產線平衡、ECRS（Eliminate, Combine, Rearrange, and Simplify）等工業工程手法，以確保流程中的每一步驟具備顧客認可的價值。

價值流程圖（Value Stream Mapping, VSM）是一種精益製造（Lean Manufacturing）生產系統架構下，用以描述與分析當前物流與資訊流的工具，減少生產過程中無法提供終端產品價值的任何活動，以增加服務水準。Yang et al.（2015）基於價值流程圖，整合實驗設計（Design of Experiment）與模擬最佳化（Simulation Optimization），有效提高服務水準與降低再製品（Work-In-Process, WIP）庫存。

精實生產已廣為全球製造業與服務業採用，成功地提高生產力、提升品質、降低成本、縮短交期並強化國際競爭力。隨著時代的更迭，面臨新一代的工業轉型，亟需引用精實生產理念與手法，利用創新思維應用於工業 4.0 環境下之產業生產管理，藉由生產管理技術層面的提升，在面對工業環境轉型挑戰時，強化企業競爭優勢。Mrugalska and Wyrwicka（2017）從產品、設備、人員分別說明工業 4.0 下，如何應用精實生產於工業 4.0。Wagner et al.（2017）整理虛實系統（Cyber-Physical System, CPS）與精實生產技術的關聯，並說明如何利用精實技術建構虛實及時達交（Cyber-Physical Just-In-Time Delivery）系統。

資料來源：摘錄自管理與系統 第廿五卷第三期 2018 年 7 月

👤 解說

從德國提出工業 4.0 開始，大家開始思考新一代工業革命的契機會出現在哪？是人機協作、人工智慧、擴充實境、虛實整合系統、物聯網與雲端計算？這些相關的發展都如火如荼的展開。綜觀新一代的工業轉型，亟需引用精實生產理念與手法，利用創新思維應用於工業 4.0 環境下之產業生產管理。尤其臺灣產業多以代工為主，整體來說已身

處「微利」的市場環境。同時少量多樣的產品特性，無可避免地個人化生產製造儼然形成。無法直接從產品生產獲得高利潤，又要面對個人化生產的需求，能夠提高生產力、提升品質、降低成本、縮短交期並強化國際競爭力的「精實生產」，是可以相輔相成達成目標的基礎。

⑦ 個案問題討論

1. 從《生產系統於先進智能製造之展望》一文你看到要發展工業 4.0 有哪些建議？
2. 要建立精實生產的工廠，你有什麼看法？

章後習題

一、選擇題

( ) 1. 六標準差改善流程步驟，不包括哪一項？　(A) 定義　(B) 方法　(C) 分析　(D) 改善　(E) 控制。

( ) 2. 六個標準差允許缺失數為多少？　(A) 66,807ppm　(B) 6,210ppm　(C) 233ppm　(D) 3.4ppm。

( ) 3. 六標準差產品設計的簡稱為何？　(A) DFSS　(B) PFSS　(C) DFMEA　(D) MFSS。

( ) 4. 六標準差推動角色不包括哪一個？　(A) Champion　(B) Master Black Belt　(C) Black Belt　(D) Red Belt　(E) Green Belt。

( ) 5. 在六標準差推動實務上，參與支援角色不包括哪一個？　(A) 採購　(B) 財務　(C) 人事　(D) 資訊技術　(E) 秘書室。

( ) 6. DFMEA 與 PFMEA 在六標準差流程中屬於哪個階段使用的工具？　(A) 定義　(B) 量測　(C) 分析　(D) 改善　(E) 控制。

( ) 7. 量測精度指標接受與否判斷準則，不包括哪一項？　(A) <10%　(B) 10%~30%　(C) >30%　(D) >40%。

( ) 8. 要有效推動精實管理，需要掌握的關鍵原則，不包括哪一項？　(A) 拉式生產　(B) 消除浪費　(C) 人員加班　(D) 自動化。

( ) 9. 精實工具在實務採用上一般不包括哪一項？　(A) 5S　(B) FIFO　(C) Kanban　(D) MBO。

( ) 10. 實施精實六標準差的好處不包括哪一方面？　(A) 人事　(B) 財務　(C) 改善　(D) 技術。

二、問答題

1. 請說明六標準差要能成功推動，須具備哪些關鍵因素？
2. 請寫出量測精度指標分析的計算公式？
3. 公司組織推動精實管理，基礎建設包含哪些項目？
4. 請說明生產常見不必要的七種浪費，包含哪些內容？
5. 請說明實施精實六標準差的法則，包含哪些內容？

參考文獻

1. 楊義明、盤天培、曹健齡，《整合六標準差及精實生產於 ISO 9000 品質管理系統》，品質學報。

2. 俞凱允、蘇力萍，《精實生產與其它生管系統之介紹》，品質月刊。

3. 丁惠民譯，《精實六標準差》，麥格羅‧希爾。

4. 黃聖峰譯，《六標準差專案團隊實作手冊》，麥格羅‧希爾。

5. 戴至中譯，《六標準差管理手冊》，麥格羅‧希爾。

6. 簡聰海 / 李永晃，《全面品質管理 - 含六個標準差》，高立圖書。

7. 劉漢容 / 陳文魁，《品質管理 - 六個標準式》，滄海圖書。

8. 科建管理顧問有限公司譯，《六標準差應用手冊》，麥格羅‧希爾。

9. 吳嘉晟 / 鄭大興，《製造業六標準差應用手冊》，新文京。

10. 蘇朝墩，《六標準差》，前程文化。

11. 胡瑋珊譯，《我懂了六標準差》，城邦文化。

12. 樂為良譯，《六標準差》，麥格羅‧希爾。

13. 丁惠民譯，《六標準差流程管理簡單講》，麥格羅‧希爾。

14. 丁惠民譯，《六標準差設計》，麥格羅‧希爾。

15. 丁惠民譯，《精實六標準差簡單講》，麥格羅‧希爾。

16. 夏荷立譯，《精實六標準差成功案例分享》，麥格羅‧希爾。

17. 江瑞坤、大野義男、侯東旭，《豐田的三位一體生產系統》，中衛發展中心。

18. 張國棟，《SPC 統計製程管制與軟體應用》，中國生產力中心。

19. 松井順一，《豐田改善術 - 看板式儲放管理》，先鋒企管出版譯。

NOTE

Chapter 9

綠色有害物質管理

🏷️ 學習要點

1. 了解綠色有害物質指令、法規發展的背景與動機。
2. 了解各國綠色指令、法規的差異性。
3. 了解品牌商的要求與學習因應做法。
4. 符合性綠色文件的提交。
5. 原物料供應商有害物質管理。
6. 綠色資料系統化管理作法。

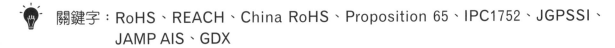

💡 關鍵字：RoHS、REACH、China RoHS、Proposition 65、IPC1752、JGPSSI、
JAMP AIS、GDX

品質面面觀

新毒管法三讀通過 民間團體促成 7.9 萬化學物質資訊全都露

　　立法院於 11 月 22 日三讀通過《毒性化學物質管理法》修正案（以下簡稱毒管法），建立化學品登錄制度，以及毒化物釋放量紀錄資訊公開，為我國化學品管理跨出了一步。

　　由於整體國際趨勢在化學品源頭管理已日趨嚴格，加上 2011 年塑化劑事件後，政府在社會壓力之下，不得不重新正視我國化學品氾濫之嚴重問題。因而仿照歐盟 REACH 的化學品登錄制度，著手修改毒性化學物質管理法，要求化學品輸入或製造業者必須提供化學的製造或輸入情況、毒理、暴露及危害評估等資料，實為必然之選擇。據政府資料統計，現今我國共有 7.9 萬多種化學物質於市面上流竄，每年約增加 100 多種新化學物質，但受到《毒管法》管制的毒性化學物質只有 3 百多種，原因正是過去毒管法之缺漏所故。因此，本次修法後反轉了舉證責任不僅能夠減輕公部門取得化學品風險資訊的負擔，也將更有利公部門進行化學品風險管理。

　　民間團體鄭重呼籲行政院下一步應立即檢討預算、人力配置與組織架構，將完成時代任務的部門（如道路興建工程等部門）的人事與經費挪到環境保育與健康衛生，同時建立化學物質專責單位，給予充分專業人力與經費，以落實化學物質登錄與毒化物管理。現今雖然毒管法修法之已完成階段性任務，然而在整體化學物質管理的環節中，仍牽涉到許多其他部門與法規，未來均應加強其規範與執行，如此民眾才有免於毒害恐懼的自由。

資料來源：摘錄自地球公民基金會 2013 年 11 月

👤 解說

　　越文明的發展有害物質對人體的有害越是嚴重，從電影《永不妥協》（英語：Erin Brockovich）六價鉻污染的真實故事，可以看出產品生產是否會造成危害，確實是企業組織需要預防的。從 RoHS 指令的因應過程，我們看到這攸關人類生命安全的議題是被重視不可拖延的。尤其以臺灣在國際代工的地位，這樣的議題更是重要。不只面對來自歐洲的指令、法規，同時還有各地法令的約束。同時隨著技術的提升，進而減少有害物質的使用，擴大禁用與管制物質的範圍。這些時時衝擊著產業不得不去掌握與因應，避免產品無法銷售與罰則產生。企業組織是否建立管理機制，才能有永續的成效。新毒管法三讀通過代表臺灣更進一步與世界接軌，重視有害物質可能帶來的危害。也唯有立法才能有效控管生產者，讓消費者免於毒害恐懼的自由。

② 個案問題討論

1. 從《新毒管法三讀通過 民間團體促成 7.9 萬化學物質資訊全都露》一文可看出臺灣產業會面臨的衝擊及影響有哪些？

2. 從《新毒管法三讀通過 民間團體促成 7.9 萬化學物質資訊全都露》一文，臺灣產業對於綠色法規的衝擊可以如何去因應？

前言

環保意識抬頭對於環境污染造成的環境惡化，已經是品牌商、製造商、供應商共同需面對的重要議題。對於企業組織如何去維護自然環境達成企業永續發展，已然是基本的責任與義務，同時也需要投入資源、人力、時間成本。包括美國、歐盟、韓國、日本以及中國等國家，都已訂定相關的法規用以管理內銷 / 進口的商品符合無有害物質（Hazardous Substance Free, HSF）管理要求。包括 EU RoHS、REACH、Korea RoHS、化審法、China RoHS、加州 65 等國際指令、法規要求的制定與生效。同時為了有效對於產品設計、生產、銷售、棄置的生命週期進行有害物質管理，於 2005 年 10 月 IECQ QC 080000 電機、電子零件及產品無有害物質過程管理系統標準生效，依循 ISO 9001 條文建立提供系統化管理方式。

然而對於綠色供應鏈的管理並沒有統一的管理作法及文件格式，以至於綠色有害物質管理作業品質難以掌控。對於所要提交的第三方有害物質檢測報告（3rd-party Hazardous Substance Report）、安全資料表（Safety Data Sheet, SDS）、符合性宣告書（Compliance Declaration）、產品有害物質彙整報告（Product Hazardous Substance Report）等綠色文件，需要大量的作業人力且未必能確保迅速、正確、完善的作業品質。如何對於客戶提供符合綠色有害物質管理規範的產品，其功能一般也是由品質單位制定內部規範與執行作法。

9-1 法規發展的背景與動機

隨著科技的發展，產品是否存在有害人體的物質，已是各個國家所面臨的重要課題。從 2000 年荷蘭於市售的遊戲主機驗到超出標準的鎘金屬，歐盟對於進口的商品是否符合有害物質管理要求越發重視。於 2006 年 7 月 1 日 RoHS（2002/95/EC）危害性物質限制指令（Restriction of Hazardous Substances Directive, RoHS）生效，乃至危害性物質修訂指令（2011/65/EU）於 2011 年 7 月 21 日生效。管制電機電子產品中管制六大大化學物質（Pb, Cd, Hg, Cr6+, PBB, PBDE），隨著每 5 年的檢討於 2015 年 6 月 4 日（EU）2015/863 指令以修訂 RoHS 指令（2011/65/EU）附件 II，其 4 項鄰苯二甲酸鹽（DEHP, BBP, DBP, DIBP）已經加入到限用物質清單。歐洲化學總署（RECHA）REACH 法規（Registration Evaluation Authorisation and Restriction of Chemicals, REACH）管制高關注物質（SVHC）至 2019 年 7 月 16 日合計 201 項物質。這些為了保護人類及環境的健康與安全所制定的法規，對於以製造為主的國內企業組織來說著實是挑戰。

9-1-1　各國法規差異性

從歐盟 RoHS 危害性物質限制指令生效後，各個國家也依循發展出國內法規並通過立法。包括中國大陸於 2006 年 2 月份制定了「ACPEIP 電子資訊產品污染控制管理辦法」通稱為 China RoHS。並以 SJT 11363-2006 電子信息產品中有毒有害物質的限量要求國家標準，進行電子資訊產品於中國市場散播及銷售之有害物質限值的管控。包括韓國制定的「電子電氣產品和汽車設備資源回收」將 EU RoHS 法規的管制要求納入，並於 2007 年 4 月經過韓國國民大會審議通過，於 2008 年 1 月正式實施，通稱為 Korea RoHS。在日本則是由厚生勞動省和經濟產業省於 1973 年制定了「化學物質審查規制法」簡稱化審法，用以管理化學物質審查與製造。2013 年 10 月美國加州修訂「安全飲用水及有毒物質法案」（The Safe Drinking Water and Toxic Enforcement Act），一般稱為加州 65 號法案（Proposition 65）。 對於食品、藥物、珠寶、衣物等消費性產品，要求不含限制的化學物質同時必須在產品上貼附警告字語的標籤。對於企業組織來說要能確保製造的產品符合銷售國家法令法規的要求，避免罰則的產生。

9-2　品牌商的要求

本章節以國際品牌商對於有害物質管理要求的探討，同時彙整相關內容用以掌握供應鏈廠商如何符合要求。雖說國際品牌商銷售的市場會包括各國家，仍可以依據地區了解品牌商對於有害物質管理要求及所需提供的綠色文件。

9-2-1　美洲與歐洲地區品牌商的要求

美國與歐洲品牌商對於有害物質管理一般是以內部 Standard General Specification for the Environment（GSE）或是綠色採購規範進行管理。約束採買的原物料、半成品、成品綠色法規及品牌商內部規範要求的符合，或是遵循零售商 Walmart 的消費品永續化學物質政策（Sustainable Chemistry in Consumables Policy）及 Costco Imported Petroleum and Polymer Substances on the Domestic Substance List 的要求。其依循的仍是 2011/65/EU 與 2015/863/EU RoHS Directive 以及 EC No 1907/2006 REACH 等法規的要求，並加入品牌商對於不同管理物質要求與含量值標準的差異。

▶ 9-2-2　日本地區品牌商的要求

而日本地區品牌商有些則是制定供應鏈綠色夥伴標準作法，通過稽核即可取得 Green Partner Certificate 的資格認可。並對採買的零部件與材料撰寫「零部件和材料中的環境管理物質─管理規定」通稱為 SS-00259 標準，於 2019 年 3 月 1 日公佈第十七版 SS-00259，並於 2019 年 4 月 1 日起生效。或是 Group Specified Chemical Substance List（Edition 3.1）於 2019 年 1 月生效。也有像是對於集團所採購產品，要求供應商化學物質管理管理等級準則的符合。

▶ 9-2-3　中國大陸地區品牌商的要求

而中國大陸地區品牌商多數是制定供應鏈綠色採購辦法，要求提供零部件與材料符合環保規範要求。依循 GB/T 26572-2011 電子電氣產品中限用物質的限量要求。同時對於涉及人類健康和安全，動植物生命和健康，以及環境保護和公共安全的產品實行強制性的 3C 認證（CCC, 3C）認證制度，於 2002 年 5 月 1 日施行。

9-3　符合性綠色文件提交

整合美洲、歐洲與日本地區品牌商符合性綠色文件提交要求，常見產品如：有害物質彙整報告、JGPSSI 報告、IPC1752 報告、產品料號與原物料清單、ChemSHERPA 產品含有化學物質信息傳達報告等，常見的產品有害物質彙整報告的型態與格式。整理各地區的文件表格將可得知，所需提交的產品有害物質彙整報告格式雖不盡相同。但所需要填寫的資訊包括：(1) 零件位置；(2) 料號；(3) 品名；(4) 供應商名稱；(5) 原廠型號；(6) 單重；(7) 均值部位名稱；(8) 管制物質含量值 / 束限值；(9) 法規排外條款；(10) 3rd-party 有害物質測試報告號碼等資訊，依產品有害物質彙整報告作業圖（圖 9-1）進行。

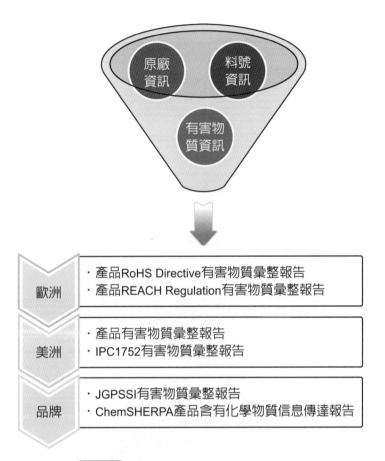

圖 9-1 產品有害物質彙整報告作業圖

　　整合地區品牌商符合性綠色文件提交要求，常見如：產品有害物質彙整報告（圖 9-2）、JGPSSI 有害物質彙整報告（圖 9-3）、IPC1752 有害物質彙整報告（圖 9-4）、產品料號與原物料清單（圖 9-5）、ChemSHERPA 產品含有化學物質信息傳達報告（圖 9-6）、SJ/T 產品有害物質宣告書（圖 9-7）等，常見的產品有害物質彙整報告的型態與格式。

產品有害物質報告

Model Name:　H/W Version:　Part Number:

編號項目	零件位置	料號	品名	供應商名稱	型號	單重	均勻材質名稱	管制物質項目												排外條款	第三公證單位化學測試報告
								Pb	Cd	Hg	Cr+6	PBB	PBDE	HBCCD	DEHP	BBP	DBP	PFOA	PFOS		
								1,000	100	1,000	1,000	1,000	1,000								

圖 9-2 產品有害物質彙整報告

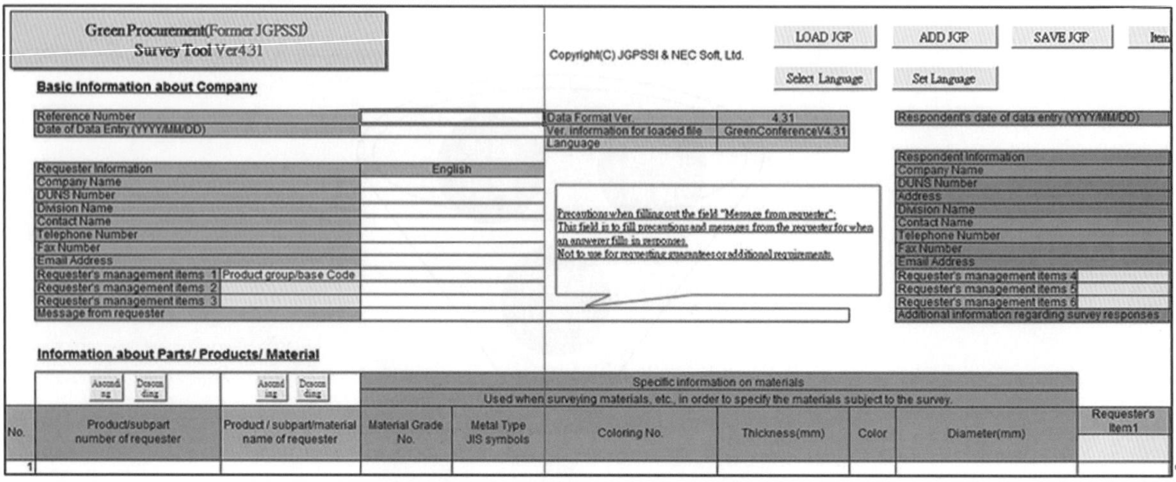

圖 9-3 JGPSSI 有害物質彙整報告

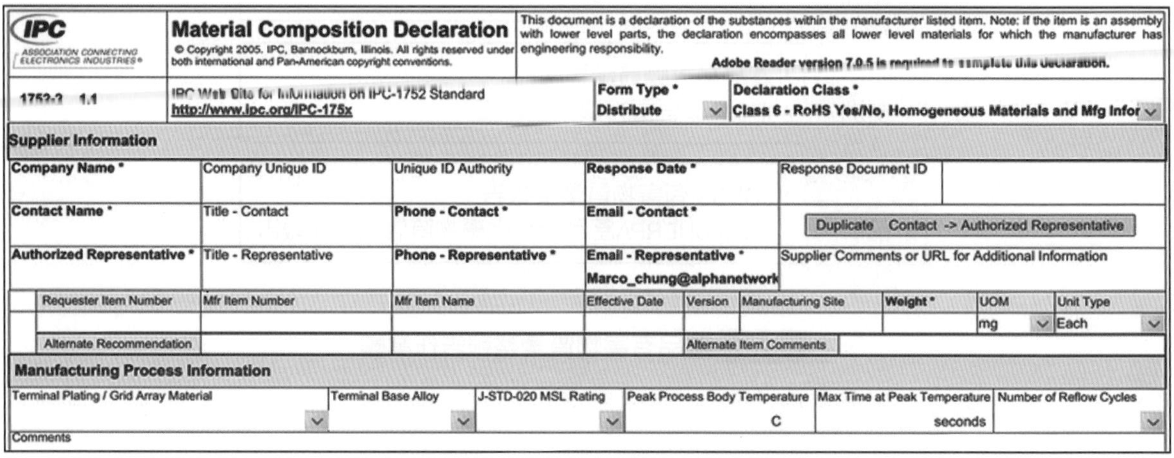

圖 9-4 IPC1752 有害物質彙整報告

Model Parts and Raw Materials Sheet.

No	Parts name	Supplier name	Non use certificate	Component	contact poit	GP / Non-GP	ICP Cd	ICP Pb	ICP date	MSDS	XRF Cd / Pb	XRF test date

圖 9-5 產品料號與原物料清單

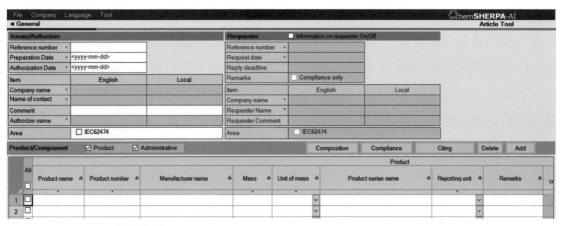

圖 9-6 ChemSHERPA 產品含有化學物質信息傳達報告

部件名稱	有害物質					
	铅（Pb）	汞（Hg）	镉（Cd）	六价铬（Cr(VI)）	多溴联苯（PBB）	多溴二苯醚（PBDE）
……	……	……	……	……	……	……
本表格依据 SJ/T 11364 的规定编制。 ○：表示该有害物质在该部件所有均质材料中的含量均在 GB/T 26572 规定的限量要求以下。 ×：表示该有害物质至少在该部件的某一均质材料中的含量超出 GB/T 26572 规定的限量要求。 （企业可在此处，根据实际情况对上表中打"×"的技术原因进行进一步说明。）						

圖 9-7 SJ/T 產品有害物質宣告書

　　整理各地區的文件表格將可得知，所需提交的產品有害物質彙整報告格式雖不盡相同。但所需要填寫的資訊包括：(1) 零件位置；(2) 料號；(3) 品名；(4) 供應商名稱；(5) 原廠型號；(6) 單重；(7) 均值部位名稱；(8) 管制物質含量值 / 束限值；(9) 法規排外條款；(10) 3rd-party 有害物質測試報告號碼等資訊，都來自法規的要求。只是不同地區與品牌商的資料呈現方式不同，不管是標準格式或網頁填寫，都是要掌握產品是否含有有害物質的情況。對於公司組織來說，來自客戶的產品有害物質彙整報告需求，內部作業上以原物料、半成品、成品、副資材要求供應商提供材料符合聲明書（Material Composition Declaration, MCD），內部經承認單位審核後存入綠色資料庫（Green Data Server）。

來自美國、歐盟、日本與大陸品牌商的產品有害物質報告需求，對於製造商而言是依照客戶產品量產工廠安排工程師進行製作。工程師依據產品物料清單（Bill of Material, BOM）至綠色資料庫（Green Data Server）下載 MCD 資料進行確認，如有新原物料承認中、拒絕承認退給供應商修改、暫行料號未承認與待工程師審核的 MCD 資料，則需要請原物料供應商配合立即處理與完成承認。產品有害物質報告工程師依照客戶有害物質報告需求格式進行指派，完成客戶格式的產品有害物質報告及符合 RoHS Directive 的產品宣告書提交品牌商客戶，目的是產品運輸至各國家能通過海關的抽驗入境銷售（如圖 9-8 所示）。

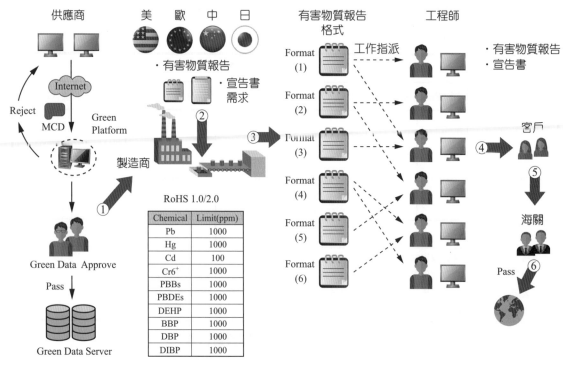

圖 9-8 有害物質報告製作流程圖

 9-4 有害物質管理作法

本章節以國際法規與品牌商要求進行探討，提出可行的方法論讓製造商有所依循參照。

▶ 9-4-1 供應商 MCD 調查

公司組織對於採買的原物料、半成品、成品、副資材等，要求供應商 MCD 承認資料的提供（Material Composition Declaration, MCD），包括：(1) 原廠型號；(2) 規格；(3)

品名；(4) 單重；(5) 均值拆解部位名稱；(6)ISO 17025 實驗室出具 3rd-party 有害物質測試報告；(7) 組成結構圖；(8) 不使用宣告書；(9) 安全資料表（Safety Data Sheet, SDS），都要求以英文文件出示進行承認，便於日後系統化匯出。透過供應商大會或訓練，可以對供應商進行宣導要求及管理。而內部承認人員也應進行 MCD 審核專業培訓，了解零部件組成與判斷報告真實性與正確性，才能夠確保 GP Data 的正確性。提供正確的資料匯入資料庫內，嚴禁避免資料是 Garbage in Garbage out。對於產品 BOM 內的共用料來說，只要有不正確的資料將會影響整合性報告的正確性。例如：供應商出具 3rd-party 有害物質測試報告可至檢測機構網站查詢報告真偽（圖 9-9）。

圖 9-9 有害物質測試報告查詢（資料來源：SGS 官網）

▶ 9-4-2　MCD 資料系統化

落實供應商 MCD 承認資料收集，另一個階段則是需要將資料系統化。除了能夠確保資料的完整與正確，同時提供於資料應用時快速的產出。可以依料號為 Key 值建立原

物料有害物質 MCD 彙整 Survey Form（表 9-1），採用附加檔案格式將可匯入資料欄位與原始檔案，並以 GP Platform 系統化介面對供應商調查。GP Data 系統化的做法，可依循綠色資料系統化管理系統流程圖進行（圖 9-10）。市面上的軟體公司提供網路型與 Server 型 GP 管理系統，可依客戶需求或 Long-tern 管理進行評估與採用，亦或是公司內部資訊部門進行開發。

表 9-1 原物料有害物質 MCD 彙整 Survey Form

P/N	Vendor code	Homogeneous Substance) mg/kg=ppm										Raw File Link
		Pb	Cd	Hg	Cr6+	PBB	PBDE	DEHP	BBP	DBP	DIBP	
A001	A123456	22	N.D	N.D	N.D	11	N.D	N.D	N.D	N.D	N.D	A001 HSF Report
B002	B123456	N.D	N.D	50	N.D	N.D	N.D	N.D	N.D	N.D	N.D	B002 HSF Report
C003	C123456	N.D	10	N.D	N.D	N.D	15	N.D	N.D	N.D	N.D	C003 HSF Report

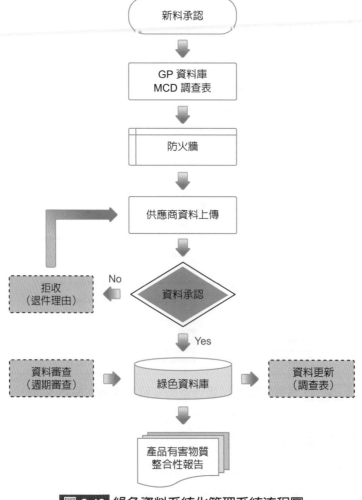

圖 9-10 綠色資料系統化管理系統流程圖

　　另外像是歐洲貿易協會所進行的 BOM check 計劃，提供了包括 RoHS、REACH 等相關的 GP 文件的收集。依照產品 BOM 展開的原物料，對於供應商進行調查，建立技術文件資料庫（圖 9-11）。

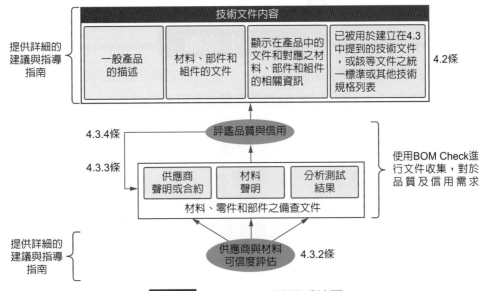

圖 9-11 BOM Check 管理系統圖

　　在美國則有 Q Point 機構讓公司組織滿足環保法規要求，提高工程設計和供應鏈的效能，改進業務流程。其概念為綠色資料交換（Green Data Exchange, GDX），以第三者角度提供品牌商與製造商索取所需的綠色資料（圖 9-12）。

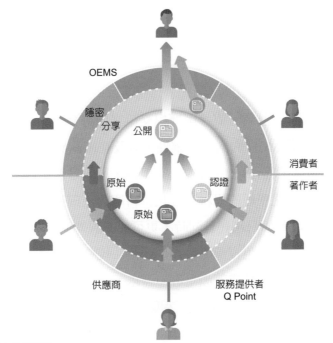

圖 9-12 Q Point 管理系統圖（資料來源：Q Point 官網）

對於原物料有害物質 MCD 資料的系統化管理，不管是自行採購軟體、建置系統或配合 GDX 作業，都需考量客戶群、成本、機密性及時效性，才能即時提交客戶所需資料。

實務小專欄

臺灣在國際供應鏈上扮演舉足輕重角色，所提供原物料的類型與種類繁多。反應在 MCD 資料的需求上，更是會因應客戶的需求而為數頗多。一般企業組織除建立與供應商調查 MCD 的綠色平台外，很多時候會將調查與報告製作的據點設在海外據點。除了考量此作業避免不了的較多人力需求，且海外據點薪資水準較低之外，還有就是供應商工廠也都在海外可就近作業。

但有害物質法規隨著科技發展與環保意識的重視，只有增加管制物質項目及更嚴苛要求。再加上競爭市場產品生命週期越來越短，對於產品有害物質的符合確認時間也是跟著越短。

故對於臺灣的廠商來說，能否建立綠色資料交換（Green Data Exchange, GDX）的機制，才是長遠有效的處理作法。這其中包括主管機關引領、產業競爭、資料保密、第三方機構的中立性、使用者付費的很多影響，是否能夠突破問題建立機制，端看是否重視與是否願意投入。

9-5 章節結論

綠色有害物質管理作業品質，直接影響提交給客戶符合性綠色文件的準確性。這其中包括有原物料有害物質 MCD 的內容正確性，以及在產品出貨前能夠備齊隨貨出具綠色文件的準時性。對於以製造為主的國內企業組織來說，是無法避免的重要作業。企業組織更應以綠色資料系統化管理的思維，強化資料庫的正確完善，將可減少人工彙整的時間與錯誤的發生。在資料庫日趨完善同時，更可如同國外進行的綠色資料交換 GDX 作法，與供應商共同合作共享綠色資源。可預期綠色法規會持續改版並且要求只會越來越多，強化系統管理作業才可收其成效滿足客戶需求。這是業界常將產品有害物質管理設立於品保功能單位下，品保工程師／綠色工程師需花心思的地方。

「時尚」與「環保」能否共存？細數「速食時裝」四宗罪

綠色和平在 2012 年對 20 個時裝品牌進行調查，在全球 29 個國家和地區採購 141 件服裝樣品，當中有 89 件衣服檢測出環境激素 NPE，佔總數 63%，涉及速食時裝的品牌包括有 GAP、ZARA、H&M、MANGO 等，其中 ZARA 的產品更被驗出含濃度超過 1000ppm 的 NPE。

NPE 是一種具強烈毒性的化學染料，能使衣物更易上色，提高生產速度，並可殘留在衣物表面，在清洗時被大量釋放，隨後排入海洋、河流、湖泊中，再迅速分解成毒性更強的壬基酚（NP）。該物質隨著食物鏈進入人體後，可模仿雌性荷爾蒙，干擾內分泌及生殖系統，影響男性性功能，並提高女性罹患乳癌風險。

事實上，歐盟早在 2008 年已根據 REACH 法規，禁止在紡織品生產過程中使用 NPE，但速食時裝品牌把生產地設於並無此限制的第三世界國家。直至 2015 年，歐盟成員國進一步通過了為期五年的禁令，對進口紡織品全面實施禁止 NPE，若紡織品 NPE 質量分數超過 0.01%（即 100mg）均不允許輸歐，迫使在落後國的生產商為了保住歐洲市場也停用 NPE。

在同一份調查中，綠色和平亦對熨膠圖案的衣物進行抽樣檢驗，發現 31 件中有 4 件被驗出含有高濃度鄰苯二甲酸酯（俗稱「塑化劑」），超過歐美兒童用品標準。鄰苯二甲酸酯可以通過手口接觸進入人體，影響男性的睪丸發育，導致精子數量減少，並可干擾女性的生殖系統，對兒童和孕婦的威脅尤其顯著。

自從揭發時裝品牌在生產過程中使用及排放有毒物質後，綠色和平在過去 3 年發起全球 DETOX 運動，收集了全球 50 萬人聯署，推使 18 個知名時裝品牌簽訂「DETOX 為時尚去毒協議」，承諾在 2020 年前全面淘汰損害環境的化學品、提高生產鏈上排污資訊的透明度等。經 2013 年的進度檢查後，H & M、MANGO、UNIQLO 等速食時裝品牌被列為「確實兌現承諾」的「真心綠」品牌，反映消費者的力量有效迫使速食時裝「巨頭」作出改變。

資料來源：摘錄自 The News Lens 2016 年 12 月

👤 解說

本文以速食時裝存在哪些有害物質為題，貼近生活讓讀者更有感。這些有害物質立即性是具有毒性並致癌，較嚴重的問題是存在自然環境中不易分解。長時間於生物體內累積，若是被食用到，更會影響神經、內分泌系統健康，所以對於有害物質的防治也應從生活做起。

❓ 個案問題討論

1. 從《時尚」與「環保」能否共存？ 細數「速食時裝」四宗罪》一文可看出我們的衣服存在哪些有害物質，這些物質會帶來什麼影響？
2. 從《時尚」與「環保」能否共存？ 細數「速食時裝」四宗罪》一文，有哪些做法可以減少有害物質的產生？

章後習題

一、選擇題

(　　) 1. 2000 年荷蘭於市售的遊戲主機驗到哪項危害人體重金屬超出標準,而引發的歐盟對於進口的商品是否符合有害物質管理要求越發重視?　(A) 鉛金屬　(B) 鎘金屬　(C) 汞金屬　(D) 鉻金屬。

(　　) 2. RoHS 指令(2011/65/EU)附件 II 所新增的 4 項鄰苯二甲酸鹽,不包括下列哪一項?　(A) DEHP　(B) BBP　(C) DDT　(D) DBP。

(　　) 3. 基本上若以地區來進行國際品牌商對於有害物質管理要求的區分,不包括下列哪一項?　(A) 美洲與歐洲　(B) 日本　(C) 中國大陸　(D) 中東第三世界。

(　　) 4. 公司組織對於採買的原物料、半成品、成品、副資材要求供應商 MCD 承認資料的提供,不包括下列哪一項?　(A) 承認書　(B) SDS　(C) 3rd-party Test Report　(D) 宣告書。

(　　) 5. 對於原物料有害物質綠色資料交換(Green Data Exchange, GDX),需考量不包括下列哪一項?　(A) 競爭性　(B) 成本　(C) 機密性　(D) 時效性。

二、問答題

1. 請列舉企業組織常面臨哪些綠色法規?其發展的動機與起源為何?

2. 請說明歐盟、中國大陸、日本有害物質法規的差異性?

3. 請說明美洲與歐洲地區品牌商,對於綠色法規有哪些要求?

4. 請說明日本地區品牌商,對於綠色法規有哪些要求?

5. 請說明中國大陸地區品牌商,對於綠色法規有哪些要求?

6. 請列舉符合性綠色文件格式?並說明其資料內容為何?

7. 請說明 MCD 承認資料(Material Composition Declaration, MCD)包含哪些資料?

8. 請畫出綠色資料系統化管理系統流程,並說明其進行方式與要點?

9. 何謂 GDX 說明其進行方式與效益?

10. 綠色有害物質的管理對於企業組織的衝擊與影響為何?

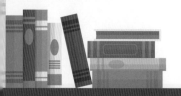

參考文獻

1. European Commission 官網 http://ec.europa.eu/。

2. Directive 2011/65/EU of the European Parliament and of the council。

3. COMMISSION DELEGATED DIRECTIVE (EU) 2015/863 of 31 March 2015 amending Annex II to Directive 2011/65/EU of the European Parliament and of the Council as regards the list of restricted substances。

4. REACH Regulation(EC1907/2006)。

5. SJ/T 電子資訊產品污染控制管理辦法。

6. 戴登旺，《綠色供應鏈產品設計物料選擇系統之研究》，台北科技大學碩士論文。

7. 莊寶鵬 / 黃仕慶，《有害物質過程管理系統之建立 - 以 IC 設計公司為例》，品質月刊 /2007.03。

8. 林松茂 ，《綠色產品品質管理—RoHS 電子電機設備有害物質限用指令》，品質月刊 / 2007.03。

9. SGS 線上查詢官網 http://twap.sgs.com/sgsrsts/chn/cheres_tw.asp。

10. Q Point 官網 http://www.qpointtech.com/complianceservices/basicservice.html。

11. BOM Check 官網 https://www.bomcheck.net/。

12. 產業永續發展整合資訊網 http://proj.ftis.org.tw/isdn/。

13. 歐洲貿易協會官網 www.cocir.org。

Chapter 10

拆解回收管理

🏷️ 學習要點

1. 了解拆解回收管理的起源。
2. 了解 WEEE 指令發展的背景與動機。
3. 了解環境化設計的必要性。
4. 註冊回收作業的實務分享與要點說明。
5. 拆解作業的實務分享與要點說明。

 關鍵字：WEEE、Reuse、Recycle、Recovery、DFE

品質面面觀

考量廢棄電機電子產品不同再使用處理模式下回收效益最佳化探討

近年來，全球暖化造成極端氣候，人類面臨的環境問題日趨嚴重。為減緩全球暖化造成環境持續惡化，「節能減碳」已是國際間密切關注的焦點議題，各國政府開始大力推動低碳城市，鼓勵綠色生產、綠色消費以及發展綠色經濟，透過資源永續循環的概念來達成減少溫室氣體排放之目標。而在各項減量政策中，資源回收被視為低成本且最具減量效益之方式，許多先進國家更以「資源有效利用」作為環境政策的新方向與環保施政重點。

我國環保署為促進資源有效運用與管理，採用兩階段政策，結合課徵回收清除處理費及給予回收清除處理補貼費方式執行產品資源回收。在過去相關的研究中，廢棄產品皆以材料再利用作為回收處理之方式；然而，許多廢棄商品仍有產品可再使用及零件可再使用之價值。因此，本研究建立一回收模式，考量廢棄產品回收之產品再使用、零件再使用及材料再利用等三種處理模式，以符合實際狀況。另外，本研究藉由探討廢棄產品不同處理模式之機率、廢棄產品回收收益與消費者回收獎勵金水準之相互關係，可求得總體社會福利之最大化，最後本研究進行參數敏感度分析。本研究結果可提供政府部門（基管會）在考慮社會福利最大化下訂定最適回收清除補貼費，以及協助回收業者求得最適消費者回收獎勵金費率，進而提升消費者與回收業者回收意願，達到 WEEE 指令要求之收集率與回收率目標。

在過去探討回收清除處理費及回收清除處理補貼費之文獻中，皆以材料再利用作為回收處理之方式，而本研究鑑於許多廢棄產品仍有產品可再使用及零件可再使用之價值，建立考量廢棄產品回收之產品再使用、零件再使用及材料再利用等三種處理模式，以符合真實情況，並探討廢棄產品不同處理模式之機率、廢棄產品回收收益與消費者回收獎勵金水準之相互關係，最後在以總體社會福利最大化之下求得模式最佳解。

透過本研究之結果，可提供基管會訂定最適回收清除補貼費，以及協助回收業者求得最適消費者回收獎勵金費率，進而提升消費者與回收業者回收意願，達到 WEEE 指令要求之收集率與回收率目標。此外，本研究進行參數敏感度分析，可瞭解回收體系中各參與角色之決策與總體社會福利之影響變化，提供政府單位推行綠色政策之參考。

資料來源：摘錄自先進工程學刊第九卷 第三期

👤 解說

　　低毒害、省能源、易回收、延長產品壽命的概念，因應環保意識的興起而越發重視。尤其來自電子資訊產品所謂的電子垃圾（e-waste），是逐年增加的嚴重問題。要減少廢棄物對環境的衝擊，必定要從產品設計就考量進行 Design-in，對於原物料的管理以省能源、易拆解、可回收為目的。

❓ 個案問題討論

1. 從《考量廢棄電機電子產品不同再使用處理模式下回收效益最佳化探討》一文，你看到企業面臨哪些來自歐盟的挑戰？

2. 從《考量廢棄電機電子產品不同再使用處理模式下回收效益最佳化探討》一文，可看出 WEEE 法規要求為何，企業組織如何因應？

前言

隨著科技的發展現代人追求高便利性的產物，電腦（Computer）、通訊（Communication）、消費性電子（Consumer Electronic）3C 產品，提供多元化快速又方便的生活。除了產品本身提供的功能之外，更是成爲流行性商品不斷推陳出新。追求新一代的 3C 產品的循環，讓產品生命週期縮短到僅有三個月，代表被淘汰的電子品不在少數。經過統計，已開發國家每年丟棄約五千萬噸電子廢棄物，其中 75% 絕大部分被運往印度、中國、非洲等地。導致嚴重的環境污染與生態破壞，更影響民眾的健康。

爲有效遏止因爲產品使用終結所衍生的廢棄電子電機產品，進行回收與處理問題已成爲各國關注的焦點。歐盟制定廢電機電子設備指令（Waste Electrical and Electronic Equipment, WEEE）用以達成再次使用（Reuse）、循環使用（Recycle）、回收再利用（Recovery），以降低產品回收對環境的影響及衝擊。對於企業組織來說出口產品要符合指令要求，內部在推動時品質功能單位扮演重要角色。

法規發展的背景與動機

有鑑於因產品使用終了所衍生的廢棄電子電機產品，歐盟制定了廢電機電子設備指令（Waste Electrical and Electronic Equipment, WEEE）通稱爲 WEEE 指令。要求於歐盟市場流通之 10 大類電機電子產品製造 / 供應商負起電子廢棄產品回收及再利用責任。歐盟會員國於 2005 年 8 月 13 日前建立 WEEE 指令（2002/96/EC）廢棄電子電機產品回收系統，輸入歐盟產品完成品牌註冊與回收標誌的標示（圖 10-1）。

WEEE 指令對標識的位置有如下三個方面的要求：

1. 產品的標識必須張貼在明顯易見的位置；
2. 對於可式產品，應不借助工具就可去掉覆蓋物看到標識，但是基於其他指令的健康及安全原因需要使用工具打開覆蓋物的情形除外；

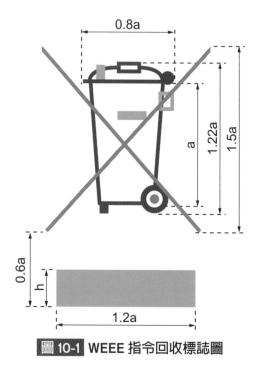

圖 10-1 WEEE 指令回收標誌圖

3. 如因產品大小或功能限制而不能將標識印在產品上，需印在包裝、說明書或保修卡上。

同時於 2006 年 12 月 31 日前達成回收率目標（50~75%）及回收量目標（每人每年 4 公斤）。隨著時間的演進達成技術的提升，歐盟 WEEE 最新修訂版（2012/19/EU）廢電機電子設備指令，於 2012 年 7 月 24 日在歐盟官方公報正式公布，並於 2012 年 8 月 13 日生效。提升歐盟區域內報廢電機及電子產品的收集、重用及循環再造比率，要求進口商／品牌商，對應各產品類別設定再次使用（Reuse）、循環使用（Recycle）與回收再利用（Recovery）百分比目標值，達成量化確保（表 10-1）（表 10-2）。

再次使用（Reuse）：原產品、設備設計功能的維持使用。對於廢電機及電子產品，回收至回收點、回收商、經銷商、製造商，延續使用。

循環使用（Recycle）：透過加工達成原功能或其他用途。對於可燃性廢電機及電子之廢棄物，進行燃燒產生能源及熱回收。

回收再利用（Recovery）：定義 R1 至 R13 共 13 種回收再利用形式。

表 10-1 WEEE 回收再利用定義表

形式	定義
R1	用於燃料或其他方式產生之能源
R2	熔劑再製再生
R3	不用作溶劑之有機物質再生利用或再製
R4	金屬與金屬混合物之再利用與再製
R5	其他非有機物之再生利用與再製
R6	酸或鹼的再生
R7	用於汙染減量之化合物回收
R8	觸媒中化合物之回收
R9	油再精煉或其他再使用
R10	土壤處理而導致有益於農業或生態改良
R11	R1 至 R10 任一作業中所得廢棄物的使用
R12	R1 至 R11 任一作業之廢棄物交換
R13	R1 至 R12 任一作業之廢棄物之儲存

表 10-2 WEEE 各產品類別目標百分比

產品類別	回收再利用 (Recovery) 百分比	循環再使用 (Recycle and Reuse) 百分比
1. 大型家用電器	85%	80%
2. 小型家用電器	75%	55%
3. 資訊及電信通訊設備	80%	70%
4. 消費興設備	80%	70%
5. 照明設備	75%	55%
6. 電機及電子工具（大型固定工業工具除外）	75%	55%
7. 玩具、休閒及運動設備	75%	55%
8. 醫療器材（與所有的植入和被感染產品除外）	75%	55%
9. 監視及監控儀器	75%	55%
10. 自動販賣機	85%	80%

　　新版指令的因應期間，除豁免的太空設備、大型固定裝置、白熾燈泡和部分醫療儀器等，仍就適用原十大類電機和電子設備類別與要求。對於來自家庭的廢棄電子電機產品，歐盟會員國需提出回收計劃與回收點設置，發揮回收制度落實指令要求。於 2016 年起歐盟會員國年回收率，需達成之前 3 年市場內電子與電機產品銷售總重量的 45%。至 2019 年起歐盟會員國年回收率，需達成至 65% 或廢料的 85%。同時爲有效掌握電子與電機產品製造商來源，生產者登記制度需檢附製造商名稱、地址、全國識別編碼、電機及電子設備的類型、履行責任、自我聲明等資料進行註冊。新版修訂指令（2012/19/EU）於 2012 年 8 月 13 日起生效，歐盟會員國須於 2014 年 2 月 14 日前將指令修訂案的條文轉爲國內法施行。舊指令（2002/96/EC）於 2014 年 2 月 15 日予以廢除。

　　2018 年 8 月 15 日以後，將電子電機設備重新分類成表 10-3 的 6 大類產品，並採取開放式範圍，除列於指令第二條（3）及（4）項目中之排外應用。

　　產品分類如下說明：

1. 溫度交換設備。

2. 顯示器、監視器和設備中含有的螢幕表面積大於 100cm^2。

3. 燈。

4. 大型設備（任何外部尺寸超過 50 cm），包括但不限於：家用電器、IT 和電信設備、消費電子設備、燈具、重製聲音或圖像的設備、音樂設備、電氣和電子工具、玩具、休閒和運動設備、醫療設備、監測和控制儀器、自動售貨機、發電設備電流。此類別不包括在第 1 類至第 3 類的設備。

5. 小型設備（外部尺寸未超過 50 cm），包括但不限於：家用電器、消費電子設備、燈具、設備重放聲音或圖像、音樂設備、電氣和電子工具、玩具、休閒和運動設備、醫療設備、監測和控制儀器、自動售貨機設備產生電流。此類別不包括列入第 1 類至第 3 類和第 6 類的設備。

6. 小型 IT 和電信設備（外部尺寸未超過 50 cm）。

表 10-3 再利用與再使用率對照表

產品類別	回收再利用 (Recovery) 百分比	循環再使用 (Recycle and Reuse) 百分比
1. 溫度交換設備 4. 大型設備	85%	80%
2. 顯示器、監視器	80%	70%
5. 小型設備 6. 小型 IT 和電信設備	75%	55%
3. 燈	--	80%

10-2 環境化設計

　　借鏡對於環境保護不遺餘力的德國來說，DIY 與二手交易市場的發達落實於生活之中。人們具有不輕易丟棄物品，或是轉給有需要的人再使用的觀念。同時完整的回收系統的設計與建置，是政府與消費者的合作配合，讓被廢棄的物資獲得再利用。結合市場發展的趨勢並設立獎項鼓勵廠商，設計出對於環境友善的產品，同時也是有助於企業組織的形象提升。

　　簡單來說德國的環境化設計，仍依循在產品的「生」— 產品是由原材料與零件，經一定程序製造而成、「老」— 產品從全新至老舊的過程、「病」— 因應使用所產生的故障、耗損、「死」— 產品功能已無法依原設計達成消費者需要，在產品生命週期中

多去考量對環境有益之處。而對於公司組織來說，除了設計滿足客戶需求的產品功能之外，就需因應指令趨勢與環境議題的越發重視進行環境化設計（Design for Environment, DFE）或是稱為綠色設計（Green Design）、生態化設計（Eco Design）。應將會影響環境帶來衝擊的因素，於產品構想階段加入評估納入設計。強化設計上達成包括：

1. 易循環使用設計（Design for Recyclability）：採用具有高回收利用特性之原物料。
2. 易再使用設計（Design for Reuse）：產品本身的設計具有再使用特性。
3. 易重製設計（Design for Remanufacturing）：可維修、重工與更換零組件設計。
4. 易拆解設計（Design for Disassembly）：產品具有易拆解特性，不需使用特殊工具就能達成回收、再使用與易重製作業。
5. 易分解設計（Design for Disposal）：產品設計選用的原物料，易於被環境生物分解不會造成汙染。

依照產品生命週期考量對環境帶來的可能衝擊，需同時有效建立綠色供應鏈管理。品牌商制定零件承認調查表單，製造商提供零件位置、數量、重量、BOM 表等資訊，用以分析拆解與回收的可能性。

 ## 10-3 WEEE 因應作業

對於公司組織來說，進行 WEEE Directive 的符合性因應，需檢附相關資訊至歐盟申請註冊。整體來說 WEEE 因應作業，包括註冊回收與拆解作業。

10-3-1 註冊回收作業

規範品牌商與進口商遵守 WEEE Directive 要求，加入歐盟回收體系並進行註冊。作業過程包括：(1) 加入回收體系；(2) 繳納廢棄物處理費；(3) 主動提供品牌資訊；(4) 符合性宣告；(5) 生產資訊管理；(6)WEEE 標籤標示；(7) 生產資訊標示，若未完成註冊與標示則將會予以罰則。相關要點如下說明：

1. 加入回收體系：由品牌商與進口商加入歐盟核可之回收體系，確保生產者責任的履行。
2. 繳納廢棄物處理費：生產者需向註冊之回收體系，繳納廢棄物處理所需費用。
3. 主動提供品牌資訊：生產者主動提供包括公司基本資料、聯絡方式、產品銷售資訊，變更時也應主動以書面進行通知。
4. 符合性宣告：生產者每年 6 月 1 日前，提出產品符合性宣告並檢附相關證明文件。
5. 資料保存：生產者資料保存年限需大於 4 年以上。
6. 公開 WEEE 註冊碼：生產者需將 WEEE 註冊碼對產品經銷商公開。

7. 張貼回收標籤：生產者需依循 EN 50419 標準，於產品上張貼 WEEE 指令回收標誌圖。

8. 生產者與製造日標示：品牌與產品製造日期資訊標示。

　　相關的資訊、文件的提供與保存，是爲有效確保符合（2012/19/EU）廢電機電子設備指令要求。提供海關人員抽查佐證，並保存相關的資料於日後進行追溯管理。

10-3-2 拆解作業

　　確認拆解回收作業是因應指令的基本作業。提供品牌商所需再次使用（Reuse）、循環使用（Recycle）與回收再利用（Recovery）的 3R Report，透過組成產品的零件資料與連接技術資訊，用以確認拆解優先順序（表 10-4）。

表 10-4 產品零件拆解關係表

輸入資訊	內容說明
零部件資料	包括零部件名稱、尺寸、材質、重量等資訊
連接技術資訊	部位與零組件連接的
拆解優先順序	各零組件間拆解優先順序關係

　　爲正確產出產品 WEEE 報告，首要爲依據已建立之拆解資料庫產出產品拆解 BOM，產出拆解的步驟文件。透過零件供應商調查表，收集所需的零部件資料。依照產品 BOM 的零件用料比對 3R 資料庫，進行產品 3R 回收率計算，最後產出該產品 WEEE 報告（圖 10-2）。

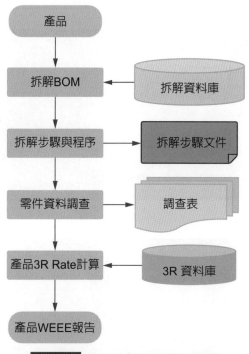

圖 10-2 WEEE 報告作業流程圖

　　產品 WEEE 報告內容基本需包括：(1) 參照標準；(2) 生產資訊；(3) 產品資訊；(4) 拆解資訊；(5) 計算資訊；(6) 3R 結果，為提供查驗與追溯以英文進行報告撰寫（表 10-5）。

表 10-5 WEEE 報告範例（以英文撰寫）

WEEE Report
Model XXX WEEE Report
Refer Standard
DIRECTIVE 2012/19/EU OF THE EUROPEAN PARLIAMENT AND OF THE COUNCIL of 4 July 2012 on waste electrical and electronic equipment
Brand Information
Brand Name: XXX Address: XXX Phone Number: XX- XXX XXX Production Date: XXXX- XX- XX
Produot Information
Product Name: XXX H/W Version: XXX Phone Weight: XXXX g Production Dimension: XX*XX*XX
Disassembling Information

Device

Cover

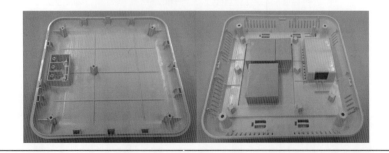

表 10-5 （續）

PCBA

LAN Cable

Power Cable

Reuse 及 Hazardous 部件拆除後，剩餘部件可進行機械處理而不致影響材質回收價值。

Calculation Information

Part	Weight(g)	Material	Recovery(%)	Recycle /Reuse (%)
Cover	2.01	Plastic containing brominated flame retardants	1.80	1.80
PCBA	88.21	PCBA	75.32	8.11
LAN Cable	30.3	Cable / Wire	14.5	15.6
Power Cable	45.1	Cable / Wire	22.75	31.35

將拆解的各部件計算 3R 比例。

表 10-5 （續）

3R Result		
3R Assessment Item	Recovery(%)	Recycle /Reuse (%)
Result of Assessment	85.1	77.3
3R Targets	80	70
Compliance	Passed	Passed

實務小專欄

在實務作業下，常聽到 RD 人員對於所謂環境化設計（Design for Environment, DFE）（或是稱為綠色設計（Green Design）、生態化設計（Eco Design））的反應「又不早說，我要設計滿足客戶功能的產品就已經焦頭爛額，哪有甚麼其他時間去修改」。就是因為有這樣真實的情境，所以更應該於產品構想階段就開始考量。可針對策略產品進行同步工程（Concurrent Engineering, CE）時，應納入討論與規劃的項目之一，有些時候環境化設計亦有可能是創新與省費用，並不絕對是無好處的。

部分廠商也於設計階段中建立拆解回收系統，收集包括：(1) 零件基本資料；(2) 零件 3R 資料；(3) 拆解工具使用；(4) 拆解步驟；(5) 各部位照片佐證，其目的為設計時就能確認回收方式與比率。

在計算回收率時，可考量再次使用（Reuse）、循環使用（Recycle）、回收再利用（Recovery）比率及棄置比率（Disposal Rate）加上單重（Weight）則可計算出。在實務上因為需要了解各零件的材質特性，確認哪些材質是可回收或不可回收（例如：PP / PE 等常見塑膠是可回收，但熱塑性塑膠是不可回收），故會與研究機構或學術單位合作進行資料庫建立與試算使用。

章節結論

　　追求新一代的 3C 產品，雖然帶來多元化且快速又方便的生活，但同時也增加了電子垃圾（e-waste），的產生。造成嚴重的環境污染與生態破壞，更是影響民眾的生存健康。

　　為有效遏止因為產品使用終結所衍生的廢棄電子電機產品，歐盟制定廢電機電子設備指令用以達成再次使用（Reuse）、循環使用（Recycle）、回收再利用（Recovery），以降低產品回收對環境的影響及衝擊。企業組織為有效符合指令要求，產品於開發設計階段就應進行環境化設計（Design for Environment, DFE）或是稱為綠色設計（Green Design）、生態化設計（Eco Design）。對於 WEEE 法規的因應，則需進行註冊回收與拆解作業提供 WEEE 報告，用以佐證法規的符合性。

歐盟 WEEE 2.0 管控範圍即將擴大到所有電子電氣設備

WEEE 2.0 最新資訊

2003 年 1 月 7 日，歐洲議會和理事會發佈 2002/96/EC 號「關於報廢電子電器設備指令」（WEEE 1.0）旨在促進廢棄電子電氣的處理、回收、再利用和再迴圈，減少廢棄物，提高電子電氣設備從製造到廢棄整個生命週期的環保性。歐盟委員會於 2012 年 7 月 24 日發佈歐洲議會和理事會第 2012/19/EU 號關於報廢電子電氣設備的改寫指令，即 WEEE2.0。依據 WEEE 2.0 要求，2018 年 8 月 15 日開始，WEEE 修訂指令將覆蓋到幾乎所有的電子電氣設備。

WEEE 2.0 更新內容

WEEE 2.0 指令相對於 WEEE 1.0 指令主要有如下五個方面的變化：

1. 管控的產品範圍進一步擴大；
2. 收集目標提高；
3. 分三個階段調整廢棄電子電氣產品回收率目標；
4. 明確生產者身份、註冊和報告所需資訊；
5. 標識要求直接引用 EN 50419：2006。

WEEE 2.0 管控範圍

不同時間段適用的電子電氣設備分類不同。

第一階段：2012 年 8 月 13 日到 2018 年 8 月 14 日的過渡期，適用於下表中規定的十大類產品。

第二階段：2018 年 8 月 15 日開始，WEEE 修訂指令將覆蓋到幾乎所有的電子電氣設備，適用於下表中列出的重新分類的 6 大類的電子電氣設備，並採取開放式範圍，即未列入的產品亦屬規範範圍，除非列於指令第二條 (3) 及 (4) 專案中之排外應用。

2012 年 8 月 13 日 -2018 年 8 月 14 日 （第一階段）	2018 年 8 月 15 日後 （第二階段）
1. 大型家電 2. 小型家電 3. IT 和通訊設備 4. 消費性設備和光伏電板 5. 照明設備 6. 電子電氣工具（大型固定工業用具除外） 7. 玩具、休閒和運動設備 8. 醫療設備（植入和感染性產品除外） 9. 視頻控制設備 10. 自動售貨機	1. 溫度交換設備 2. 顯示器、監視器和帶有表面積大於 100cm2 的顯示幕的設備 3. 燈管 4. 大型設備（任何外部尺寸大於 50 釐米） 5. 小型設備（任何外部尺寸不超過 50cm） 6. 小型 IT 和通訊設備（任何外部尺寸不超過 50cm）

WEEE 2.0 核心要點

1. 電子電氣設備的環保設計應依據 ErP 指令 2009/125/EC 的實施措施，為促進 WEEE 的再使用及回收，產品設計應考慮到整個生命週期。建立生產商責任制，鼓勵電子電氣設備的設計和生產充分考慮易維修、升級、再使用、拆卸和再迴圈等因素。

2. 電子電氣設備應滿足修訂指令設定的最小回收目標（參照下表）。

設備類別	2012.8.13-2015.8.14		2015.8.15-2018.8.14		設備類別	2018.8.15 起	
	回收率 %	再循環率 %	回收率 %	再循環率 %		回收率 %	再利用和再循環率 %
1,10	80	75	85	80	1,4	85	80
3,4	75	65	80	70	2	80	70
2,5,6,7,8,9	70	50	75	55	6,5	75	55
氣體放電燈	再循環率：80%				3	再循環率：80%	

3. 投放歐盟市場的電子電氣設備應依據標準 EN50419 進行垃圾桶回收標識。

4. 生產商或其授權代表須按照要求定期進行註冊和資訊申報。生產商應為私人家庭及私人家庭以外的使用者產生的廢棄電子電氣設備收集、處理、回收和環保處理提供資金。

資料來源：摘錄自歐冠檢測 網頁 2018 年 9 月

👤 解說

歐盟 WEEE 2.0 管控範圍擴大，電子電氣設備都被納入，對於企業組織來說，已是不能忽略的重要課題。在實務上除了標示 WEEE logo 外，更是要計算再次使用（Reuse）、循環使用（Recycle）、回收再利用（Recovery）比率及棄置比率 (Disposal Rate) 加上單重 (Weight)，需要配合 Database 的使用進行計算，這其中的費用與時效也是需要考量的。

❓ 個案問題討論

1. 從《歐盟 WEEE 2.0 管控範圍即將擴大到所有電子電氣設備》一文，可看出新版 WEEE 指令對於公司組織的可能影響為何？

2. 從《歐盟 WEEE 2.0 管控範圍即將擴大到所有電子電氣設備》一文，對於公司組織來說要如何因應？

章後習題

一、選擇題

(　　) 1. 一般通稱 3C 產品，不包括下列哪一項？　(A) 電腦　(B) 汽車　(C) 通訊　(D) 消費性電子。

(　　) 2. 歐盟制定廢電機電子設備指令所提出的 3R，不包括下列哪一項？　(A) Reduction　(B) Reuse　(C) Recycle　(D) Recovery。

(　　) 3. 依照 WEEE Directive 要求 2006 年 12 月 31 日前達成回收量目標為何？　(A) 每人每年 1kg　(B) 每人每年 2kg　(C) 每人每年 3kg　(D) 每人每年 4kg。

(　　) 4. 在消費者環境保護意識抬頭下，產品設計除了功能之外，不包括下列哪一項？ (A) 環境化設計　(B) 流行設計　(C) 綠色設計　(D) 生態化設計。

(　　) 5. WEEE Directive 註冊回收作業過程包括：(1) 加入回收體系；(2) 繳納廢棄物處理費；(3) 符合性宣告；(4) 主動提供品牌資訊；(5)WEEE 標籤標示；(6) 生產資訊管理；(7) 生產資訊標示其正確流程步驟為何？　(A) 1234567　(B) 1243657 (C) 7654321　(D) 2134657。

二、問答題

1. 歐盟制定了廢電機電子設備指令（Waste Electrical and Electronic Equipment, WEEE）的起源為何？

2. 何謂 3R？其內容為何？

3. 請畫出 WEEE 指令回收標誌圖，並說明其目的與目標？

4. 請說明 WEEE 回收再利用分類與定義？

5. WEEE 法規管制了幾種產品類別，其 3R 目標百分比為何？

6. 何謂環境化設計？包含哪幾種做法？目的為何？

7. WEEE 法規註冊回收步驟為何？其內容為何？

8. 請說明產品拆解與產品零件關係？

9. 請畫出 WEEE 報告作業流程圖？並說明其作業內容？

10. 請列舉 WEEE 報告內容應包括哪些？

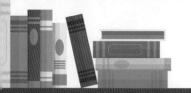

1. 賴怡君，《探究歐盟 WEEE / RoHS 指令對綠色供應鏈形成之影響－以臺灣電子產品製造商為例》，中華大學碩士論文。

2. DIRECTIVE 2002/96/EC OF THE EUROPEAN PARLIAMENT AND OF THE COUNCIL of 27 January 2003 on waste electrical and electronic equipment（WEEE）。

3. DIRECTIVE 2012/19/EU OF THE EUROPEAN PARLIAMENT AND OF THE COUNCIL of 4 July 2012 on waste electrical and electronic equipment （WEEE）。

4. 鄭欣怡，《歐盟指令 WEEE/RoHS 下對企業綠色管理決策之影響》，銘傳大學碩士論文。

5. 洪明正，《德國環境化設計發展概況與趨勢》，永續產業發展雙月刊。

6. WEEE 官網 http://ec.europa.eu/environment/waste/weee/index_en.htm。

7. EN50419 Marking of electrical and electronic equipment in accordance with Article 11(2) of Directive 2002/96/EC (WEEE)。

8. 蘇耕政，《因應 WEEE/RoHS 的導入模式－資訊電子製造業與家電業的比較研究》，臺灣科技大學碩士論文。

9. 許家瑋，《產品環境化設計策略與決策支援系統之研究》，南華大學碩士論文。

10. 全國公證檢驗官網 http://www.intertek-twn.com/FrontEnd/default.aspx。

Chapter 11

節能減碳管理

學習要點

1. 國際節能減碳發展趨勢與影響。
2. 了解各國節能指令、法規、標準的要求。
3. 了解節能符合性的要求與因應作法。
4. 了解碳排放的要求與因應作法。

 關鍵字：EuP、ErP、DoE、Energy Star、NRcan、NOM-32、節能標章、能效標識、
ISO14064

品質面面觀

節能減碳、企業綠色環境管理策略與公司績效之關連性

本研究針對臺灣上市櫃公司探討環境績效、綠色環境管理策略與公司績效之間關係。實證結果發現，用水量降低、用電量降低與碳排放量降低與公司績效皆呈顯著負向關係；但用水密集度降低、用電密集度降低與碳排放密集度降低皆與公司績效呈顯著正向關係；另企業採用綠色環境管理策略（ISO 14001、ISO 14064、ISO 50001）可強化公司用水密集度降低與碳排放密集度降低與公司績效之正向關係及弱化用水量降低、用電量降低與公司績效之負向關係。

面臨國際間強調節能減碳的趨勢，我國企業大量溫室氣體排放已嚴重影響其國際競爭力，雖然自 2008 年後，我國空氣污染情況稍有減緩，但仍須持續加強改善以順應時勢。依據國際能源總署 IEA (International Energy Agency，簡稱 IEA) 於 2018 年公布之能源使用二氧化碳 (CO_2) 排放量統計資料顯示，2016 年臺灣能源使用 CO_2 排放總量全球排名高居第 21 名，依環保署統計資料顯示 2017 年排放量更增加約 2.49%，再創 CO_2 排放量歷史新高點，至於能源、運輸與工業部門 CO_2 排放約占總排放 76.32%，其中工業部門約占總排放 49.78%（行政院環境保護署，2019）。

另一方面，臺灣年平均降雨量雖然是全球平均降雨量的 2.6 倍，但 2015 年出現的十年大旱的警訊，未來缺水現象恐將成為常態。經濟部早已預測，臺灣未來將會面臨缺水危機（環境資訊中心，2010）。同樣地，經濟部能源局公布 2017 年工業部門在電力耗用141,109.738（百萬度）（經濟部能源局，2019），雖然目前政府積極推動綠色能源政策，無可否認，就臺灣現況，再生能源發電尚未發展成熟，短期內無法滿足企業供電所需，且超過 99% 的能源仍需仰賴進口，對於許多企業營運而言，若未來須面臨限電，不可或缺的大量電力需求亦成為經營之一大隱憂。

既然預期未來難以避免缺水限電及減碳的危機，如何達到低耗能生產與低碳經濟是現階段臺灣企業迫切待解的重要課題與挑戰。為了有效遏制環境污染與節能減碳，在政府方面，近年來積極增修相關法規以符合國際潮流及營造有利於環境保護與節能減碳的制法環境，如：為有效降低碳排放，在 2015 年 7 月 1 日公布「溫室氣體減量及管理法」；行政院會也在 2017 年 4 月 13 日通過「空氣污染防制策略」；對於水資源相關規範如，經濟部針對高耗水產業及用水大戶進行產業用水效能提升及節水輔導工作計畫，另「再

生水資源發展條例」亦在 2015 年 12 月 30 日公布（經濟部水利署，2015）；關於電力相關規範如，「電業法修正案」亦在 2017 年 1 月 26 日公布（經濟部能源局，2017）。此外，由國內 54 家大型企業組成參加的中華民國企業永續發展協會，於 2015 年 6 月與臺灣企業永續論壇共同發表能源與氣候政策白皮書，希冀藉此督促政府盡快制訂因應氣候變遷專法，並提高能源效率的標準（中國時報，2015）。

　　企業營運需考量缺水限電及減碳對於公司績效的衝擊。欲有效降低其對於企業發展造成嚴重影響的解決之道，一方面應有效節水省電、提升用水使用效率及能源使用效率，另一方面，應減少溫室氣體排放，加強能降低溫室氣體對於環境造成負面影響的營運活動，以利於未來在國際市場競爭。

資料來源：摘錄自中山管理評論 2019 年六月號 第二十七卷第二期

解說

　　節能減碳議題已是國際趨勢，同時也是企業組織無法逃避的課題。從 ISO 14001 / ISO 14064 / ISO 50001 管理系統的導入，提供一套管理做法對能源進行管理，降低對環境的衝擊。臺灣政府近年已開始接軌國際制定相關的法規，約束企業組織遵守。有助於企業組織與國外企業的商業合作時，取得標案的機會。節能減碳是永續的重要議題，也是科技發展外不容忽視的課題。

個案問題討論

1. 從《節能減碳、企業綠色環境管理策略與公司績效之關連性》一文，你覺得企業組織可以如何展開節能減碳的活動？
2. 從《節能減碳、企業綠色環境管理策略與公司績效之關連性》一文，可看出節能議題對於公司組織的影響為何？

前言

　　2007 年巴布亞紐幾內亞的卡特瑞島成為全球第一個因海水上升而消失的島嶼。2015 年 12 月 30 日英國報導北極地區實測溫度高達攝氏 5℃，較平常的零下 30℃～ 35℃的溫度升高近 40℃，造成異常溶冰與北極熊的滅絕。2016 年年初北極震盪效應，讓位處於亞熱帶的臺灣經歷霸王級寒流侵襲。這些實際發生於全球各地的氣候異常、生態衝擊、溫室效應的問題，反應出節能減碳議題的重要性。雖然說產品的生產活動是否是造成溫室效應的主因仍有不同的看法，對於企業組織來說仍受到國際指令、法規、標準等約束。尤其全球市場發展趨勢朝向低碳商業模式發展，產品如何更節能減碳已是影響企業組織顯著的變數之一。從 2003 年起歐盟公佈節能指令至各國的能源法規，省能源的議題衝擊著企業組織。

　　本章節介紹國際常見的節能減碳法令、法規、標準，說明企業組織因應的作法。能夠符合銷售地要求避免罰則的發生，進而達成永續經營的目標。

 節能指令要求

　　節能指令主要可區分為歐盟地區、美洲地區、亞洲地區，強制性與自願性指令，各主要國家節能指令在此章節介紹。

⊙ 11-1-1 歐盟地區節能指令

　　歐盟執行委員會為了節能目的，於 2005 年 8 月 21 生效了 EuP（Eco-design Requirements for Energy-using Products, EuP）Directive No. 2005/32/EC 能源使用產品之生態化設計指令。其精神是以生命週期思維要求使用能源的產品採用生態化設計，並鼓勵開發綠色節能產品。並於 2009 年 11 月 20 日進行改版生效 ErP（Energy relatives Product, ErP）Directive 2009/125/EC 能源相關產品之生態化設計指令，其目的在降低產品於整個使用生命週期內的能耗，減少對環境的衝擊。而目前對於承載人員或貨物的交通運輸工具，則是不適用於 ErP 指令要求予以排除的。

　　對於投入歐盟市場的產品能夠達成下列要求：

1. 提高能源使用上的效率。
2. 對於環境更為友善。
3. 安全性提高。
4. 確保產品在歐盟地區的自由流通。

5. 幫助能源穩定的供給，用以提昇歐盟經濟的競爭力。

6. 保護企業組織與消費者的利益。

　　而由於生活上會使用到的耗能產品種類及特性各有不同，為了有效區分及管理，以指令與實施方法分層管理（圖 11-1）。

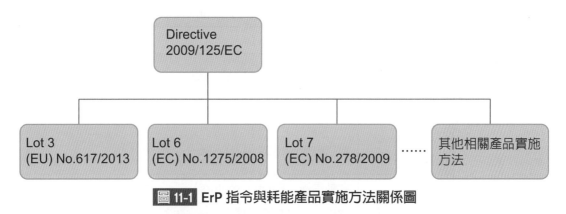

圖 11-1 ErP 指令與耗能產品實施方法關係圖

　　整體對於耗能產品所定義的實施方法，從生活上的家電、影音設備、電腦、週邊設備等，都包括在指令範圍（表 11-1）。制定過程會由先期研究、諮詢論壇、草案研擬、法規委員會、實施方法生效，完成後才展開執行。

表 11-1 ErP 實施方法研擬過程表

先期研究	ENTR Lot4	工業用烤箱（Industrial ovens）
諮詢論壇	Lot11	電動泵浦（Electric pumps）
	Lot12	商用電冰箱及冷凍櫃（Commercial refrigerators and freezers）
	Lot15	固體燃料鍋爐（Solid fuel boilers）
	Lot21	中央供熱產品（Central heating products）
	ENTR Lot3	聲音和影像設備（Sound and imaging equipment）
	ENTR Lot5	工具機（Machine tools）
	ENTR Lot6	服務業空調（Tertiary Air Conditioning）
	-	醫療影像儀器（Medical imaging equipment）
草案研擬	-	-
法規委員會	Lot20	室內加熱產品（Local room heating products）
	ENTR Lot2	配電和電力變壓器（Distribution and power transformers）

表 11-1 （續）

先期研究	ENTR Lot4	工業用烤箱（Industrial ovens）
	Lot1	空間加熱器與組合加熱器（Space and combination heaters）
	Lot2	熱水器（Water heaters）
	Lot3	個人電腦與伺服器（PC:s and servers）
	Lot4	影像設備（Imaging Equipment）
	Lot5	電視（Television）
	Lot6	待關機模式能源耗損（Standby and off-mode losses）
	Lot7	外部電源供應器（Battery chargers and external power supplie）
	Lot8 Lot9	服務業照明（Tertiary Lighting）
	Lot11	電動馬達（Electric motors）
	Lot13	家用電冰箱及冷凍櫃（Domestic refrigerators and freezers）
	Lot19	家用非定向照明燈
實施方法生效	Lot10	放間空調家電（Room air conditioning appliances）
	Lot11	電動馬達（Electric motors）
	Lot11	風扇（Ventilation fans）
	Lot11	建築物循環系統（Circulators in buildings）
	Lot13	家用冷凍櫃（Domestic refrigerators and freezers）
	Lot14	家用洗衣機（Domestic washing machines）
	Lot14	家用洗碗機（Domestic dishwashers）
	Lot16	乾衣機（Laundry driers）
	Lot17	真空吸塵器（Vacuum cleaners）
	Lot18	複雜型機上盒（Complex set-top boxes）
	Lot18	簡易型機上盒（Simple set-top boxes）
	-	家用照明（Domestic lighting）
	Lot18	定向照明（Directional lighting）
	Lot22 Lot23	廚房電器（Kitchen appliances）
	Lot25	非服務業使用咖啡機（Non-tertiary coffee machines）
	Lot26	網通設備待機能耗損施（Networked standby losses）

例如：在現代人生活上已是不可或缺的電腦，其實施方法（EU）No. 617/2013 依電腦規格制定能耗要求，分爲桌上型電腦 / 整合式桌上型電腦 A~D4 類（表 11-2）、筆記型電腦 A~C3 類（表 11-3），並區分爲 2014/7/1 及 2016/7/1 階段性能耗要求。

表 11-2 ErP 實施方法（桌上型電腦 / 整合式桌上型電腦）能耗表

管制產品	分類	內容	From 1 July 2014	From 1 July 2016
桌上型電腦 / 整合式桌上型電腦	A 類	不符合 B 類、C 類或 D 類定義的桌上型電腦	133,00 ETEC kWh/year	94,00 ETEC kWh/year
	B 類	1. 2 個實質核心之中央處理器 2. 具備至少 2gigabytes（GB）的系統記憶體	158,00 ETEC kWh/year	112,00 ETEC kWh/year
	C 類	1. 3 個以上實質核心之中央處理器 2. 具備至少 2gigabytes（GB）的系統記憶體與 / 或 1 個分離式圖形處理器（dGfx）	188,00 ETEC kWh/year	134,00 ETEC kWh/year
	D 類	1. 等於或超過 4 個實質核心之中央處理器 2. 具備至少 4gigabytes（GB）的系統記憶體與 / 或 1 個繪圖緩衝記憶體寬度（Frame Buffer Width）> 128 bit 之分離式圖形處理器（dGfx）	211,00 ETEC kWh/year	150,00 ETECkWh/year

表 11-3 ErP 實施方法（筆記型電腦）能耗表

管制產品	分類	內容	From 1 July 2014	From 1 July 2016
筆記型電腦	A 類	不符合 B 類或 C 類定義的筆記型電腦	36,00 ETEC kWh/year	27,00 ETEC kWh/year
	B 類	具備至少 1 個分離式圖形處理器（dGfx）	48,00 ETEC kWh/year	36,00 ETEC kWh/year
	C 類	須至少具備以下 3 項特性中的 1 項： 1. 2 個以上實質核心之中央處理器 2. 具備至少 2gigabytes（GB）的系統記憶體 3. 1 個繪圖緩衝記憶體寬度（Frame Buffer Width）> 128 bit 之分離式圖形處理器（dGfx）	80,50 ETEC kWh/year	60,50 ETEC kWh/year

能耗的要求隨著時間的演進與技術的提昇，低能耗的產品會是趨勢。尤其以生活中為數頗多的家用或辦公室設備，新增待機及關機模式能源耗損實施方法。包括（EC）No.1275/2008 及（EC）No.278/2009 二項通稱爲 Lot6、Lot7 的實施方法，制定了二階段的能耗要求。使用 LVEPS（Low Voltage External Power Supply, LVEPS）之產品，其規格範圍爲小於 6V& 大於 550mA（表 11-4）、（表 11-5）。

表 11-4 ErP 待關機模式實施方法（家用或辦公室設備）能耗表

項目	2010.01.07 生效	2013.01.07 生效
(a) 關機模式	≦ 1.0W	≦ 0.5W
(b) 待機模式《待機啓動功能》	≦ 1.0W	≦ 0.5W
(b) 待機模式《顯示功能》或《待機啓動加顯示功能》	≦ 2.0W	≦ 1.0W
(c) 有效的關機或待機模式的功能	應具備待 / 關機模式或耗能不超過指令待 / 關機要求的其他模式。	
(d) 電源管理	N/A	可於合理的最短時間內自動將產品切換至：待機或是關機模式或其他模式，其耗能不超過本指令待 / 關機要求

表 11-5 ErP EPS 實施方法能耗表

輸出功率 Po（W）	AC-AC 和 AC-DC 之 EPS，LVEPS 除外	低電壓外部電源供應器（LVEPS）
Po ≦ 1.0W	0.480·Po+0.140	0.497·Po+0.067
1.0W<Po ≦ 51.0W	0.063·ln(Po) + 0.622	0.075·ln(Po)+0.561
Po>51.0W	0.870	0.860

爲有效確保產品能耗的符合，企業組織有其責任於產品輸入歐盟海關時檢附技術文件（Technical Document File, TDF）接受查核。如被抽查到的產品應於 10 日內提出 TDF 文件，內容包括下述內容：

1. 產品一般性描述與預期使用說明。

2. 製造商之環境研究評估結果與環境評估文獻或案例研究。

3. 生態特性說明書（若 IM 有要求）。

4. 產品設計規格中與環境設計考量面相關之要素。

5. 條列為了證明符合實施方法所列之生態化設計要求，所引用的調和標準。

6. ErP 指令 Annex I Part2 有關之特定要求。

7. 製程資訊 。

8. 環境特性與績效。

9. 產品安裝、使用、維護及升級等資訊。

10.回收處理資訊。

▶ 11-1-2 美洲地區節能指令

美洲地區包括美國、加拿大、墨西哥等國家制定了相關節能標準。美國地區以美國能源部（Department of Energy, DoE）強制性規定包括：(1) Consumer Products；(2) Commercial and Industrial Products；(3) Lighting Products；(4) Plumbing Products 的能耗標準。在電腦類的產品尚未制定測試標準與方法，對於電子製造業來說外部電源供應器是必要因應的。包括不同電壓及能效模式下，無負載模式下最大功率消耗標準（表 11-6）。

表 11-6 DoE EPS 實施方法能耗表

Direct Operation External Power Supply Efficiency Standards		
Single-Voltage External AC-DC Power Supply, Basic-Voltage		
Nameplate Output Power (P_{out})	Minimum Average Efficiency in Active Mode (expressed as a decimal)	Maximum Power in No-Load Mode [W]
P_{out} 1W	$0.5 \times P_{out} + 0.16$	0.100
1W < P_{out} 49W	$0.071 \times \ln(P_{out}) - 0.0014 \times P_{out} + 0.67$	0.100
49W < P_{out} 250W	0.880	0.210
P_{out} > 250W	0.875	0.500
Single-Voltage External AC-DC Power Supply, Low-Voltage		
Nameplate Output Power (P_{out})	Minimum Average Efficiency in Active Mode (expressed as a decimal)	Maximum Power in No-Load Mode [W]
P_{out} 1W	$0.517 \times P_{out} + 0.087$	0.100
1W < P_{out} 49W	$0.0834 \times \ln(P_{out}) - 0.0014 \times P_{out} + 0.609$	0.100
49 W < P_{out} 250W	0.870	0.210
P_{out} > 250W	0.875	0.500

表 11-6 （續）

Single-Voltage External AC-AC Power Supply, Basic-Voltage		
Nameplate Output Power (P_{out})	Minimum Average Efficiency in Active Mode (expressed as a decimal)	Maximum Power in No-Load Mode [W]
P_{out} 1W	$0.5 \times P_{out} + 0.16$	0.210
1W<P_{out} 49W	$0.071 \times \ln(P_{out}) - 0.0014 \times P_{out} + 0.67$	0.210
49W<P_{out} 250W	0.880	0.210
P_{out} >250W	0.875	0.500
Single-Voltage External AC-AC Power Supply, Low-Voltage		
Nameplate Output Power (P_{out})	Minimum Average Efficiency in Active Mode (expressed as a decimal)	Maximum Power in No-Load Mode [W]
P_{out} 1W	$0.517 \times P_{out} + 0.087$	0.210
1W<P_{out} 49W	$0.0834 \times n(P_{out}) - 0.0014 \times P_{out} + 0.609$	0.210
49W<P_{out} 250W	0.870	0.210
P_{out} >250W	0.875	0.500
Multiple-Voltage External Power Supply		
Nameplate Output Power (P_{out})	Minimum Average Efficiency in Active Mode (expressed as a decimal)	Maximum Power in No-Load Mode [W]
P_{out} 1W	$0.497 \times P_{out} + 0.067$	0.300
1W<P_{out} 49W	$0.075 \times \ln(P_{out}) + 0.561$	0.300
P_{out} >49W	0.860	0.300

　　包括像是產品要銷往美國加州地區，則是要符合 CEC 強制性法規要求。該法規是由美國加利福尼亞州能源委員會（California Energy Commission's, CEC）制定，涵蓋所有使用外部電源供應器的產品。包括手機、家用無線電話等消費型產品，在使用與待機模式下的能耗。電氣產品必須由獲得美國加州能源委員會資質實驗室按照美國相應標準進行檢測，證明符合要求後才可在美國加州銷售。另外 ENERGY STAR 是美國環境保護署（EPA）制定自願性法規，目的是在協助企業組織與消費者節省費用，並且提高能源的使用效率進而保護環境。相關產品需委託通過美國 EPA 認可的第三方檢測機構進行測試及認證，並至官網完成 EPA 註冊動作，才可被授權貼上 ENERGY STAR 標誌。通過

ENERGY STAR 認證產品也是美國部分州省的政府採購項目基本要求之一。通過認證的產品，每年會有接受抽查的可能，一年至少 10% 產品將被抽樣驗證。

此外，認證不僅證明產品有符合要求的環保節能設計，還將以其節能省電和高性價比等優點迎合市場和實際消費需求，從而更能受到美國零售商、買家及終端消費者認可及青睞，更具市場競爭力。在美洲地區主要的節能法規還包括加拿大 NRCan 強制法規，由加拿大自然資源部能源效率認證《能源效率條例》修正提案的第 317 號 WTO/TBT 通報（G/TBT/N/CAN/317）。加拿大自然資源部為進口到加拿大的指定產品種類裡面的所有產品的能效水準進行了定義，只有符合相關標準方可引進。包括不同產品類型，設定待機模式下功率消耗標準（表 11-7）。

表 11-7 NRCan 能耗表（至 2016.4.7）

Product	Test Standard	Compliance Date	Power Requirement
Compact Audio Products	CSA C62301-07	2013.1.1	Standby mode With display:1W Without display:0.5W
Digital TV Adapters	CSA C380-08	2010.1.1	Active mode:8W Standby mode:1W
External Power Supplies	CSA C381.1-08	2010.7.1	Active mode:0.5 ~ 0.85W No-Load Mode:0.5W
Televisions Video Products	CSA C62301-07 20 CCR for on-mode power and luminance	2013.1.1	Standby mode With display:1W Without display:0.5W

南美洲則以墨西哥制定的 NOM-32 能耗標準為主，於 2014 年 1 月 23 日在官方公報公佈生效。此強制法規適用在墨西哥市場上銷售的電器及設備，單相電壓 100 ～ 277V，頻率 50~60Hz 的產品。包括：數位電視適配器、圖像再現設備、微波爐、LED 電視機等產品，產品待機能耗值必須標誌在銘牌上且必需使用西班牙語撰寫，且此銘牌在產品到達最終消費者之前不得撕掉。對應不同產品類型，設定待機模式下功率消耗標準（表 11-8）。

表 11-8 NOM-32 能耗表

Product	Standby Mode（W）
Digital Television Adapters	1.0 W
Decoder（with digital video recording）	15.0 W
Decoder（without digital video recording）	5.0 W
A/V Product	2.0 W
Imaging Equipment	2.0 W
Microwave oven（conventional type）	2.5 W
Microwave oven（combined/built-in type）	5.0 W
Television	1.0 W

▶ 11-1-3 亞洲地區節能指令

在臺灣則是以節能標章為主，鼓勵廠商銷售產品取得認證進行張貼。就列舉電腦產品區分為桌上型 / 筆記型電腦，依循美國 ENERGY STAR 的法規標準制定能耗要求。

一、桌上型電腦申請節能標章認證，其適用範圍、能源效率試驗條件與方法及能源效率基準須符合下列規定：

1. 適用範圍：

   (1) 產品須符合美國 ENERGY STAR 對電腦的要求事項，並符合資格準則 5.2 版（ENERGY STAR Program Requirements for Computers Version5.2）中，對桌上型電腦（Desktop Computer）與整合式桌上型電腦（Integrated Desktop Computer）產品之定義。

   (2) 申請節能標章需先取得經濟部標準檢驗局之驗證登錄合格證書或型式認可證書。桌上型電腦產品應符合產品貨品號列（C.C.C.CODE）8471.41.00.00-5、8471.49.00.00-7 或 8471.50.00.00-3，或經由經濟部能源局認定之桌上型電腦產品。

2. 能源效率試驗條件與方法：

   符合美國能源之星計畫對電腦的要求事項，並符合資格準則第 5.2 版中規定之試驗條件與方法。

3. 桌上型電腦節能標章能源效率基準：

   桌上型電腦之實測典型能源消耗量 ETEC 應低於或等於最大典型能源消耗量 ETEC_MAX。

(1) 桌上型電腦之實測典型能源消耗量 ETEC 計算方式如下：

ETEC=8.76×(0.55POFF+0.05PSLEEP+0.4PIDLE)（度 / 年，kWh/year）

其中：

POFF：關機模式時測得之用電量（瓦，W）

PSLEEP：睡眠模式時測得之用電量（瓦，W）

PIDLE：怠機狀態時測得之用電量（瓦，W）

(2) 符合美國能源之星計畫對電腦的要求事項，並符合資格準則第 5.2 版，對桌上型電腦產品類型之定義。

A 類產品之最大典型能源消耗量 ETEC_MAX 計算方式如下：

ETEC_MAX = 103.6 + N1 + N2 + N3（度 / 年，kWh/year）

二、筆記型電腦申請節能標章認證，其適用範圍、能源效率試驗條件與方法及能源效率基準須符合下列規定：

1. 適用範圍：

(1) 產品須符合美國能源之星計畫對電腦的要求事項，並符合資格準則第 5.2 版（Energy Star Program Requirements for Computers Version5.2）中，對筆記型電腦（Notebook Computer）產品之定義。

(2) 申請節能標章需先取得經濟部標準檢驗局之驗證登錄合格證書或型式認可證書。筆記型電腦產品應符合產品貨品號列（C.C.C.CODE）8471.30.00.00-8，或經由經濟部能源局認定之筆記型電腦產品。

2. 能源效率試驗條件與方法：

符合美國能源之星計畫對電腦的要求事項，並符合資格準則第 5.2 版中所規定之試驗條件與方法。

3. 節能標章能源效率基準：

筆記型電腦之實測典型能源消耗量 ETEC 應低於或等於最大典型能源消耗量 ETEC_MAX。

筆記型電腦之實測典型能源消耗量 ETEC 計算方式如下：

ETEC = 8.76 ×(0.6POFF + 0.1PSLEEP + 0.3PIDLE)（度 / 年，kWh/year）

其中：

POFF：關機模式時測得之用電量（瓦，W）

PSLEEP：睡眠模式時測得之用電量（瓦，W）

PIDLE：怠機狀態時測得之用電量（瓦，W）

節能標章申請過程由公司組織提出後，文件資料齊備後送交執行單位初審。並由議委員會進行複審及核准。通過後由經濟部能源局進行證書核發。日後對於標章的使用情況，進行統計分析與追蹤管理（圖 11-2）。

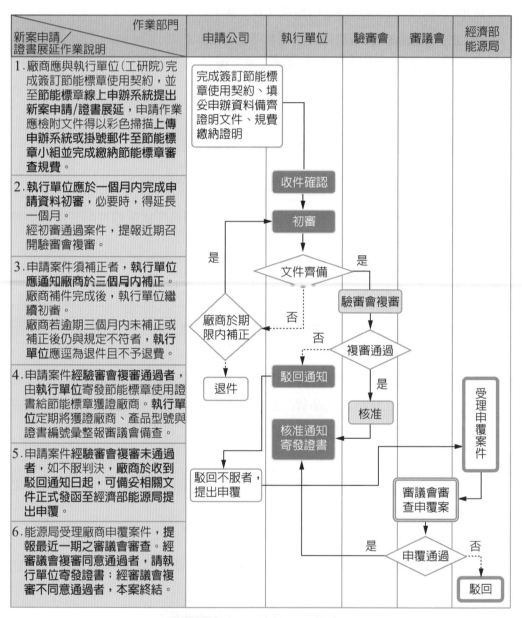

圖 11-2 節能標章申請流程圖

在中國大陸則是 2005 年 3 月 1 日生效施行的《能源效率標識管理辦法》，顯示耗能產品的能源效率等級，提供消費者購買決策必要的資訊，以引導消費者選擇高效節能產品。能源效率等級標示。目前中國能效強制實施的產品有：顯示器、液晶電視機、洗衣機、電冰箱、印表機、影印機等。

中國能效標識（China Energy Label），能源效率標識應當包括以下基本內容：

1. 生產者名稱或者簡稱；

2. 產品規格型號；

3. 能源效率等級；

4. 能源消耗量；

5. 執行的能源效率國家標準編號。

藍底白字的能效標識需依循中國能耗標示要求，顯示包括文字、數字、顏色三大部分（表11-9）、（圖11-3）。

表 11-9　中國能耗標示表

文字部分	耗能低、中等、耗能高。
數字部分	等級1：表示產品達到國際先進水準，最節電，即耗能最低。 等級2：表示比較節電。 等級3：表示產品的能源效率為我國市場的平均水準。 等級4：表示產品能源效率低於市場平均水準。 等級5：是市場准入指標。
顏色部分	綠色代表環保與節能、黃色、橙色代表警告、紅色代表禁止。

圖 11-3　中國能效標識範本圖

於《能源效率標識管理辦法》第四章規範了未符合的相關罰則，爲條文第 22 條至 25 條的內容。包括違反辦法規定，生產者或進口商應當標註統一的能源效率標識，而未標註的，由地方節能管理部門或者地方質檢部門責令限期改正，逾期未改正的予以通報。另外有下列 2 項處以一萬元以下罰鍰的條文：(1) 未辦理能源效率標識備案的，或者應當辦理變更手續而未辦理的；(2) 使用的能源效率標識的樣式和規格不符合規定要求的。僞造、冒用、隱匿能源效率標識以及利用能源效率標識做虛假宣傳、誤導消費者的，由地方質檢部門依照《中華人民共和國節約能源法》和《中華人民共和國產品質量法》以及其他法律法規的規定予以處罰。

亞洲地區仍包括有新加坡 Energy label and MEPS 是對於空調、冷藏箱、乾衣機的強制性能耗法規，韓國的 Energy Efficiency Standards & Labeling Program 對於電冰箱、空調、洗碗機、吸塵器、電風扇、變壓器、充電器等產品強制性能耗法規。

⊗ 11-1-4 其他地區節能指令

另外像是澳洲與紐西蘭的強制性能耗法規包括 Energy labeling 及 MEPS 兩項強制性的節能政策，Energy Rating Labeling 1999 年起要求對於帶有壓縮機的空調及冰箱等的產品強制標示能源及最新要求強制的 External Power Supply 要求要符合最低功耗標準（表 11-10）。

表 11-10 Energy Rating Labeling 能耗表

Product	Test Standard	Compliance Date
Computer	AS/NZS 5813.1:2012 AS/NZS 5813.2:2012	2013
Computer Monitor	AS/NZS 5815.1:2012 AS/NZS 5815.2:2013	2014
Digital Television Set-Top Boxes	AS/NZS 4665.1:2005 AS/NZS 4665.2:2005	2014
Televisions	AS/NZS 62087.1:2010 AS/NZS 62087.2.1:2008	2013
Battery Chargers	AS/NZS 62087.1:2010 AS/NZS 62087.2.1:2008	2012

以及以色列的 Energy Sources（Maximum Electric Power in Standby Mode for Home and Office Appliances）5771-2011Regulations 的強制性能耗法規（表 11-11）。

表 11-11 以色列的 Energy Sources 能耗表

Appliances in standby mode which are then fully operative using a remote control or similar means	Appliances with electronic screens to display information pertaining to operation mode of the appliance including but not limited to clocks
Electric power in standby model(Watts)-1	Electric power in standby model(Watts)-2

⊳ 11-1-5 主要國家節能標章簡介

　　世界主要國家對於資源保護越來越重視，其目的仍是減少對環境帶來衝擊。透過節能可降低能源成本，同時企業組織可以提高能源使用效率，使其利潤得以最大化。當然節約能源可減少溫室氣體排放，避免氣候異常、生態衝擊、溫室效應的問題發生。節能可以通過提高能源使用效率，減少能源消耗，或降低傳統能源的消耗量。節能的目標是要充分發揮能源利用的效果，盡可能減少能源的使用，創造出更多社會需要的產品和產值。

　　基於此最終目標，世界主要國家訂定節能標章提供消費者於產品選購上識別。產品製造商於申請過程須符合該國標章上，對於該產品分類上能耗的要求以及通過測試，符合後須進行註冊與納管（表 11-12）。

　　臺灣的製造商若要申請各國的節能標章，用以符合產品出口銷售的需求，可以與第三方實驗室接洽申請。但並非所有主要國家的節能標章，在臺灣設有測試實驗室。此部分就需要事先詢問清楚，包括申請方式、申請費用、送測地點與作業時程等資訊，才能符合產品開發週期管理。

表 11-12 主要國家節能標章簡介表

標章名稱	標章	說明
美國能源之星		貼有此標章之產品，是具有高能源效率之產品。
美國能源標章		此標章提供消費者電氣設備的數量化節能效益及金額。

表 11-12 （續）

標章名稱	標章	說明
加拿大能源標章		標章提供消費者家電器具的能源效率值，讓消費者能比較及選擇適合自己的產品。
GEEA 能源標章		此標章 (GEEA) 是表示電氣產品通過 GEEA 所訂定之能源效率基準。
日本能源標章		此標章表示目前產品節能目標的達成率及年間的電力消耗值，讓消費者可比較及選擇適合自己的產品。
歐盟能源標章	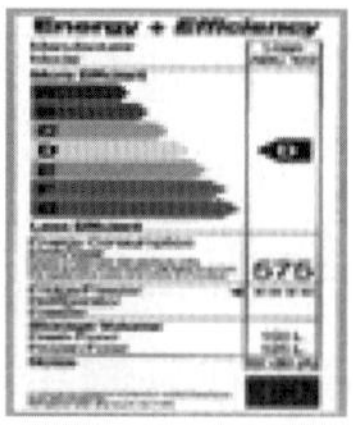	此標章標示產品達到何種等級的能源標準及年間耗能值，讓消費者可比較及選擇適合自己的產品。
澳洲能源標章		此標章標示產品之年間耗能量，讓消費者可比較及選擇適合自己的產品。
菲律賓能源標章		此標章標示產品之型號、能源效率值及耗能量，及通過政府之最低能源效率基準，讓消費者可比較及選擇適合自己的產品。

資料來源：能源標章全球資訊網

11-2 減碳作業

　　溫室效應導致全球氣候暖化，出現氣溫升高現象，也引發全球各地水患、乾旱、風災等異常氣候頻繁。由此可見，環境因子的變化直接或間接影響物種的生長、生存，造成生物多樣性的保存與維護的困難。主要造成全球暖化與氣候變遷之溫室氣體有 70% 以上來自二氧化碳，因此要大幅減少二氧化碳的排放，才能減緩全球暖化之速度。透過有效的節能活動，來達成減碳的目的。

11-2-1 減碳活動的發展

　　有感於氣候變化聯合國「政府間氣候變遷研究小組」（Intergovernmental Panel on Climate Change, IPCC）之評估，於 1992 年簽訂「氣候變化綱要公約」，但約束力不夠，讓全球二氧化碳濃度仍不斷上升，原公約減量目標並未被聯合國會員落實執行。故於 1997 年 12 月日本京都的「第三次締約國大會」（COP3）中簽署「京都議定書 Kyoto Protocol」，制定具有法律力的議定書與共識。於是規範 38 個國家及歐盟，以個別或共同的方式控制人為排放之溫室氣體數量以期減少溫室效應對全球環境所造成的影響。

　　目標是必須在 2008-2012 年間將該國家溫室氣體排放量降至 1990 年平均水準再減 5.2%。2005 年 2 月 16 日「京都議定書 Kyoto Protocol」開始強制生效，是 1997 年 12 月在日本京都府京都市的國立京都國際會館所召開聯合國氣候變化綱要公約參加國三次會議制定的，其目標是「將大氣中的溫室氣體含量穩定在一個適當的水平，以保證生態系統的平衡、食物的安全生產和經濟可持續發展」。但由於「京都議定書 Kyoto Protocol」將於 2020 年到期，於 2015 在法國召開 2015 年聯合國氣候峰會，本次會議的目標是達成具有約束力的措施，解決氣候變化問題，遏制全球氣溫上升。目標是減少溫室氣體排放，讓地球暖化速度在 2100 年時，全球氣溫不會上升超過 1.5℃。

11-2-2 減碳活動的管理

　　對於企業組織來說，一般會依循 ISO 14064 標準進行工廠碳排放管理，提供溫室氣體盤查或計畫的量化、監督、報告及確證或查證之清晰度與一致性。管制的範圍主要針對二氧化碳（CO2）、甲烷（CH4）、氧化亞氮（N2O）、全氟碳化物（PFCs）、氫氟碳化物（HFCs）及六氟化硫（SF6）六大溫室氣體的管控（圖 11-4）。

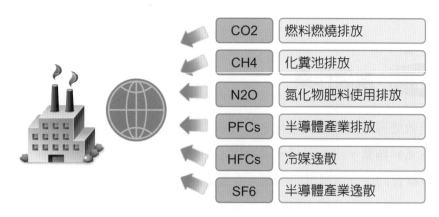

圖 11-4 溫室氣體排放種類及來源圖

ISO 14064 系列標準包括如下：

1. ISO 14064-1：2006

   組織層級溫室氣體排放減量與移除之量化與報告附指引之規範。

2. ISO 14064-2：2006

   專案層級溫室氣體排放減量與移除增進之量化、監督及報告附指引之規範。

3. ISO 14064-3：2006

   溫室氣體主張確證與查證附指引之規範。

　　從 2006 年發表第一版 ISO 14064 系列標準以來，隨著對環保議題的重視及新技術的發展，全球對於降低溫室氣體濃度及減碳管理需求越發重視。ISO 於 2018 年 8 月公告 ISO 14067：2018 產品碳足跡量化要求事項與指導綱要，2018 年 12 月公布 ISO 14064-1 組織層級溫室氣體排放與移除之量化及報告附指引，並於 2019 年 4 月公告 ISO 14064-2 計畫層級溫室氣體排放減量或移除增量之量化、監督及報告附指引，以及 ISO 14064-3 溫室氣體聲明之查證與確證附指引新版標準。

表 11-13 ISO 14064：2006 與 ISO 14064：2008/2009 內容差異對照表

標準	新舊版主要差異
ISO 14064-1：2018	量化與報告要求的更新。
ISO 14064-2：2019	1. 排除外加性之適用與京都議定書內容。 2. 明確定義「GHG 基線」（V.S.「基線情境」）。
ISO 14064-3：2019	1. 標準架構變更。 2. 保證等級適用限制。 3. 約定（協議）類型。 4. 查證／確證與獨立審查之過程及技術要求。 5. 查證／確證結果（簽發意見）之類型。
ISO 14067：2018	著重碳足跡量化要求，排除碳足跡資訊的溝通（ISO 14026）、查證（ISO 14064-3）及產品類別規則（PCR）的要求（ISO/TS 14027）。

資料來源：TAF 財團法人全國認證基金會

表 11-14 ISO 14064：2006 與 ISO 14064：2008 /2009 名詞差異對照表

ISO14064:2006 標準	ISO14064:2008/2009
GHG 主張（GHG assertion）	GHG 聲明（GHG statement）
GHG 聲明（statement）	GHG 意見（opinion）
控管措施（directed action）	GHG 減量倡議（GHG reduction initiative）
營運邊界（operational boundary）	報告邊界（reporting boundary）
能源間接（energy indirect）與其他間接（other indirect）	間接 GHG 排放（indirect GHG emission）

資料來源：TAF 財團法人全國認證基金會

公司組織依循 ISO 14064-1 條文（表 11-15），進行工廠溫室氣體排放源盤查以及查證作業。設定基準年盤查並完成溫室氣體報告書，有效的追蹤管理。

表 11-15 ISO 14064-1 條文對照表

條文	內容
1. 適用範圍	
2. 用語與定義	
3. 原則	3.1 通則 3.2 相關性 3.3 完整性 3.4 一致性 3.5 準確性 3.6 透明度
4. 溫室氣體盤查設計與發展	4.1 組織邊界 4.2 營運邊界 4.3 溫室氣體排放與移除之量化
5. 溫室氣體盤查清冊組成	5.1 溫室氣體排放量與移除量 5.2 減少溫室氣體排放量或增加溫室氣體移除量之組織活動 5.3 基準年之溫室氣體盤查清冊 5.4 不確定性之評估與降低
6. 溫室氣體盤查清冊之品質管理	6.1 溫室氣體資訊管理 6.2 文件保留與紀錄保存

表 11-15（續）

條文	內容
7. 溫室氣體報告	7.1 通則 7.2 溫室氣體報告之規劃 7.3 溫室氣體報告之內容
8. 組織在查證活動之角色	8.1 通則 8.2 查證之準備 8.3 查證管理 附錄 A（參考用）彙總設施層級數據至組織層級 附錄 B（參考用）其他間接溫室氣體排放之範例 附錄 C（參考用）溫室氣體全球暖化潛勢 參考資料

建立 ISO 14064-1 系統可依循下列步驟進行：

Step-1 高階主管承諾：揭示企業執行的決心。

公司組織溫室氣體盤查需要高階主管的承諾支持，要求各部門可提供相關資源與佐證資料。承諾提供相關資源以建立溫室氣體盤查系統，並揭示企業執行的決心。以文件進行公告，讓所有同仁瞭解並配合盤查展開。

Step-2 成立推動組織：成立系統推動組織並定義權責。

管理代表：負責審查與呈報最高管理者 ISO 14064-1 系統執行情況。

執行小組：召集查證組長及各單位查證代表，並組成內部查證小組。規劃溫室氣體相關工作並協調各單位配合。

查證組長：負責執行查證作業、數據蒐集及計算，製作溫室氣體排放清冊及盤查報告書。

內部查證小組：負責查證作業，確認數據與佐證資料之正確性。

Step-3 組織營運邊界設定：查證邊界範圍的確認。

包括組織邊界與營運邊界的界定，確認企業的盤查邊界，鑑別溫室氣體直接、間接與其他間接排放源。範疇則包括：

範疇 1：直接溫室氣體排放，為企業組織所擁有或控制的範圍溫室氣體排放。

範疇 2：間接溫室氣體排放，指企業組織因生產作業所使用電力、熱及蒸氣所產生的溫室氣體排放。

範疇 3：其他間接溫室氣體排放，由企業組織活動產生之溫室氣體排放，非能源間接溫室氣體排放，而來自於其他組織所擁有或控制的溫室氣體排放。

Step-4 排放源鑑別：完成排放源鑑別表。

　　於公司組織邊界範圍，盤查產生溫室氣體的設施、設備、交通工具或是活動，進行排放源鑑別。調查資料包括：(1) 範疇別；(2) 可能產生溫室氣體種類；(3) 排放源類別填寫於排放源鑑別表內（表 11-16）。

表 11-16 排放源鑑別表

廠區 / 製程別	活動 / 設施	排放源	範疇別			可能產生溫室氣體種類						排放源類別				說明
			1	2	3	CO_2	CH_4	N_2O	HFC_s/ 物種	PFC_s/ 物種	SF_6	固定式燃燒	移動式燃燒	逸散	製程	
產線	環境應力測試機	電能 & 冷媒	V	V		V			V	R-22/ R-404			V			V	
產線	真空包裝機	電能		V		V							V				

Step-5 排放量計算：統計排放量並乘以全球暖化潛勢（Global Warming Potential, GWP），加總得到公司組織溫室氣體總排放量（CO_2e）。

(1) 溫室氣體排放量（CO_2e）＝活動強度 × 排放係數 × 全球暖化潛勢

　　固定式燃燒燃料使用，包括燃料燃燒直接產生的二氧化碳（CO_2）、甲烷（CH_4）與氧化亞氮（N_2O）三類溫室氣體排放。

　　鍋爐、發電機柴油排放當量＝活動數據 ×CO_2 排放係數＋活動數據 ×CH_4 排放係數 ×CH_4 GWP 值＋活動數據 ×N_2O 排放係數 ×N_2O GWP 值。

(2) 外購電力 / 蒸汽

　　排放量＝活動數據（電力 / 蒸汽使用量）× 排放係數。

　　經濟部能源局公告，107 年電力排放係數為 0.533 公斤 CO_2e/ 度。

(3) 移動式燃燒燃料使用

　　運輸設備燃料燃燒直接產生的二氧化碳（CO_2）、甲烷（CH_4）與氧化亞氮（N_2O）三類溫室氣體等氣體排放。

　　汽油排放當量＝活動數據 ×CO_2 排放係數 + 活動數據 ×CH_4 排放係數 ×CH_4 GWP 值 + 活動數據 ×N_2O 排放係數 ×N_2O GWP 值。

(4) 溶劑、噴霧劑及冷媒等氟氯化合物逸散

　　包括製程過程溶劑使用逸散、冷凍設備之冷媒逸散、滅火器使用，由於此情況下的逸散量不易取得，故採用填充量或採購量進行計算。其中需要另外計算為化糞池的甲烷排放，以員工人數與工時計算：

　　化糞池逸散量（公噸 CO_2e / 年）＝全廠人數 × 上班天數 × 停留時間 × 排放係數 ×GWP 值。

Step-6 設定基準年：首次年度盤查可設定為基準年，做為減量目標值設定。

　　首次年度盤查可設定為基準年，當企業組織所有權或控制權發生轉移時，基準年的排放量則需因應新的組織營運邊界重新盤查。

Step-7 排放清冊建立：量化溫室氣體排放量、排放占比。

　　統計企業組織六大類溫室氣體的個別排放量、排放占比，或是區分各類型排放源，說明排放量、排放占比；依各範疇別說明排放量、排放占比，完成排放清冊將盤查結果予以量化。

Step-8 文件化與紀錄：建立盤查程序文件與落實佐證紀錄。

　　建立盤查程序文件確保年度的盤查作業都依循相同作法，並有足夠的合理性。相關的佐證文件及記錄的填寫提供，則可確保盤查作業的落實與可靠。

Step-9 溫室氣體報告書製作：完整呈現溫室氣體盤查結果。

　　溫室氣體報告書內容包括：(1) 組織概況；(2) 組織邊界；(3) 營運邊界；(4) 溫室氣體量化；(5) 基準年設定；(6) 溫室氣體資訊管理與盤查作業程序；(7) 內外部查證；(8) 報告書之責任與目的；(9) 報告之發行與管理，完整呈現企業組織溫室氣體盤查結果。

實務小專欄

臺灣為因應全球氣候變遷，制定氣候變遷調適策略，降低與管理溫室氣體排放，落實環境正義，善盡共同保護地球環境之責任，並確保國家永續發展，特制定溫室氣體減量及管理法（104.07.01. 制定）。也提出國家溫室氣體長期減量目標為中華民國一百三十九年溫室氣體排放量降為中華民國九十四年溫室氣體排放量百分之五十以下。未遵守的廠商會給予罰則，對於溫室氣體排放的減量需要大家的參與。

章節結論

　　對於企業組織的永續經營，節能減碳的議題不只不可或缺更是要面對的真相。尤其對於產品的銷售上受到各國強制性或志願性的法規限制，更直接反饋於企業形象之上。於內部推動上可由負責 ISO 系統或改善活動的品保單位主導推行，建立有效的管理系統進行執行。將節能減碳相關結果呈現於企業組織官網，或是進一步於非營利組織 CDP（Carbon Disclosure Project, CDP）進行量測、揭露與管理。節能對於企業組織來說可達成降低營運成本的效益，進一步達成碳揭露、碳減量、碳交易的目標。

對抗氣候變遷，從城市開始

對於臺灣人來說，節電減碳的口號朗朗上口，再生能源電力市場的自由化也邁出第一步，長期以來我們仰賴中央政府喊聲，當城市在能源轉型中扮演愈來愈吃重的角色時，我們希望能以更細緻的尺度，就城市的能源治理提出建議。地方政府是連接社區與個人的樞紐，能源使用涉及的層面極為廣泛，唯有眾人齊心投入，一起為暖化踩剎車，才有可能延緩地球升溫的曲線。

未來全球增加的人口，三分之二集中在都市，人口密集的大城市是能源使用及排碳的熱點。先進國家談能源治理，早已跳脫中央政策的尺度，地方政府可以提供在地脈絡觀點，提出契合民眾需求的能源轉型方案，國際社會上，能源政策的推動已列為地方政府首長的重要政績之一。目前美國超過 90 個城市都訂出了再生能源發電時間表，舊金山前市長 Gavin Newsom 更積極宣布在 2020 年前，再生能源電力占比達到 100%。

從城市帶動的能源轉型，是延緩氣候變遷重要的行動，城市增加綠電占比的同時，改變了過去「集中式大型發電設施」主導的電力系統，進化成「分散式小型再生能源發電設施」所主導的電力系統，更新了百年來人們的用電方式，城市的電力使用變得更加靈活自主。

歐洲、美國、日本、南韓的大都市皆已將能源治理視為重要的施政亮點，2016 年臺灣宣布啟動能源轉型後，地方政府成為落實政策的第一要角。國際城市自己綠的案例，成功的原因不外乎如下 3 點：

1. 具備中長期的規劃能力，成立專家委員會，提出不被政黨輪替所影響的政策以及檢核機制。
2. 提高市民發展再生能源的共識，強化公共參與，拉近民眾與能源的距離。例如，支持公民電廠類型的發展，讓市民身歷其境，一方面耕耘民眾意識，做為能源轉型的後盾。
3. 具備擴大合作的想像力，積極建立在地夥伴關係。
   讓學術單位、民間團體、在地企業成為資源整合的要角。

在極端氣候逐漸成為常態的情況下，地方首長應該思考的不再只是暴雨淹水或乾旱大火後的應變方案，而是全面強化都市的自我調適能力，並致力減少碳排放、降低氣候災難發生的機率。我們期待臺灣的地方政府也能與國際先進城市接軌，納入多元的綠能規劃，增加城市綠電的供給率，成為真正的宜居城市。

資料來源：摘錄自 GREENPEACE 2019 年 5 月

解說

　　對抗氣候變遷是人們一直以來重視的議題，溫室效應不只是造成北極熊快沒有居住地，也危及到人們的居住環境產生極大的變化。各國開始重視節電減碳的活動，讓溫室氣體的排放減緩，降低對環境造成的衝擊。人口密集的城市，往往因為大量用電而帶來莫大的效應。如何納入多元的綠能規劃，增加城市綠電的供給率，成為真正的宜居城市，是與你我息息相關的議題。

個案問題討論

1. 從《對抗氣候變遷，從城市開始》一文，你覺得自己可以有哪些行動來對環境盡一份力？

2. 從《對抗氣候變遷，從城市開始》一文，公司組織可以有哪些行動來對環境盡一份力？

章後習題

一、選擇題

( ) 1. 歐盟執行委員會爲了節能目的制定的 Directive 2009/125/EC 能源指令名稱爲何者？ (A) EuP (B) ErP (C) Energy Star (D) NRcan。

( ) 2. 投入歐盟市場的產品能夠達成的要求項目，不包括下列哪一項？ (A) 提高能源使用上的效率 (B) 對於環境更爲友善 (C) 價格便宜具競爭優勢 (D) 保護企業組織與消費者的利益。

( ) 3. 耗能產品所定義的實施方法包括：(1) 草案研擬；(2) 先期研究；(3) 諮詢論壇；(4) 法規委員會；(5) 實施方法生效，其正確流程步驟爲何？ (A) 12345 (B) 32541 (C) 23145 (D) 54321。

( ) 4. ErP 實施方法中，待關機模式能源耗損（Standby and off-mode losses）編號爲何？ (A) Lot4 (B) Lot5 (C) Lot6 (D) Lot7。

( ) 5. ErP 實施方法中，外部電源供應器（Battery chargers and external power supplie）編號爲何？ (A) Lot4 (B) Lot5 (C) Lot6 (D) Lot7。

( ) 6. 美國能源部（Department of Energy, DoE）強制性規定能耗標準，不包括下列哪一項？ (A) Automotive products (B) Consumer Products (C) Commercial and Industrial Products (D) Lighting Products。

( ) 7. 中國大陸的能源效率標識管理，最佳的低能耗等級編號爲何？ (A) 等級 4 (B) 等級 5 (C) 等級 2 (D) 等級 1。

( ) 8. 在進行溫室氣體排放量計算時，需要乘以的係數爲何？ (A) GWP (B) GDP (C) GMP (D) GRE。

二、問答題

1. 請說明歐盟 ErP 節能指令的發展與要求爲何？
2. 歐盟 ErP 節能指令期許銷售至歐盟的產品達成哪些目的？
3. 請說明 ErP 節能指令對於桌上型電腦／整合式桌上型電腦能耗要求爲何？
4. 請說明 ErP 待關機模式實施方法（家用或辦公室設備）能耗的階段性能耗要求爲何？
5. 爲有效確保產品能耗的符合 ErP 節能指令要求需準備甚麼文件？其內容爲何？
6. 美洲地區有哪些強制性節能指令要求？其能耗要求標準爲何？
7. 亞洲地區有哪些強制性節能指令要求？其能耗要求標準爲何？
8. 請說明減碳活動的發展？包括哪些重要的議題被提出？
9. 請說明六大溫室氣體排放種類及來源？
10. 請說明 ISO 14064-1 系統建立的步驟及內容？

參考文獻

1. 經濟部工業局製造業節能減碳服務團官網 https://www.ftis.org.tw/tigers/。

2. 鍾美華 / 呂穎彬《電子業供應鏈綠色資訊流革命與綠色產品新市場》，全華圖書。

3. Green Peace 官網 http://www.greenpeace.org/international/en/。

4. 美國加利福尼亞州能源委員會官網 http://www.energy.ca.gov/。

5. 歐盟能源官網 http://ec.europa.eu/energy/en。

6. 美國能源部官網 http://www.energy.gov/。

7. 節能標章官網 http://www.energylabel.org.tw/。

8. 綠色和平臺灣官網 http://www.greenpeace.org/taiwan/zh/。

9. 中國能效標示官網 http://www.energylabel.gov.cn/。

10. 能源效率標識管理辦法（質量監督檢驗檢疫總局局令第 17 號）。

11. 碳揭露專案官網 https://www.cdproject.net/en-US/Pages/HomePage.aspx。

NOTE

永續經營實務

🏷️ **學習要點**

1. 了解 RBA 作業要求與因應做法。
2. 了解 CSR 作業要求與因應做法。
3. 了解 BCM 作業要求與因應做法。

 關鍵字：RBA、CSR、VAP、BCM、MTPD、RTO、BIA、BCP

品質面面觀

CSR 能為公司經營策略帶來什麼好處？—來自世界頂級學術期刊之證據

　　企業社會責任（Corporate Social Responsibility, CSR）係指公司在追求股東財富的同時，也能兼顧到其他利益關係人（stakeholders）的福利。例如：改善員工的工作環境與福利、重視人權、避免性別與種族歧視、注重產品與服務品質以增進消費者的權益、避免進行內線交易或會計操縱以保護小股東與債權人、贊助社區公益活動、降低或避免環境污染、重視環境創新與社會創新等。

　　近年來，CSR 之所以受到國際社會的大幅重視，原因在於企業在提供產品與服務以滿足社會所需，促進經濟成長與生活品質的同時，卻忽略了公平（Fairness）與仁慈（Benevolence），從而企業必須因此被動地善盡 CSR 以降低其對於社會與環境的負面衝擊，以求挽回社會大眾對於企業的信任。事實上，公平是企業倫理（Business Ethics）最重要的原則。忽視公平是指企業為了追求股東財富卻犧牲了其他利益關係人的福利，譬如為了節省生產成本而生產黑心食品，或是造成嚴重的環境污染，讓公司應該承擔的成本外部化；仁慈則是指企業除了不會損人利己之外，還進一步地提升其他利益關係人的利益，譬如幫助經濟弱勢或是協助教育水準不均的社會問題。

　　企業善盡社會責任有助於社會及環境，如果在此同時，也能帶給企業諸多利益，亦即做好事有好報（doing good, doing well）的話，企業將更有誘因去善盡社會責任。事實上，企業是可以從主動積極的角度（而不只是被動的角度）來善盡社會責任，因為善盡社會責任除了利他之外，也可以自利，同時為公司帶來兩全其美的機會。因為善盡社會責任可以為公司帶來機會、創新、競爭優勢與提升財務績效等機會（池祥麟，2015）。

　　如果企業僅將 CSR 視為降低公司成本之活動的話，其實是限縮了自己的經營視野，也錯失上述兩全其美之機會。CSR 能帶給公司何種好處，近年來變成學術界非常重視的議題。從而本文將從世界頂級學術期刊的觀點，探討 CSR 能為公司帶來什麼好處。經由財務、會計、管理、行銷、策略、企業倫理等領域之世界頂級學術期刊的文獻回顧，我們發現善盡 CSR 可得七種利益：1.增加公司之獲利；2.增加公司之價值及股票報酬率；3.降低公司之風險；4.更多利益關係人（員工、客戶、供應商、股東）樂於與公司往來；5.降低公司的資金成本；6.減少資訊不對稱、強化公司誠信之形象；7.增加競爭力。

　　然而也有一些企業未能因 CSR 獲得上述眾多益處，其原因為何？劉彩卿等（2016）將從事 CSR 未能獲高於成本之益處之原因歸納為五：1. 公司從事 CSR 活動僅止於口號或形式；2. 公司從事 CSR 活動高階主管不能以身作則；3. 公司從事 CSR 活動僅止於沽名釣譽的活動；4. 從事 CSR 活動時間、廣度、深度不足；5. 未能將 CSR 活動融入公司日常營運中。

　　相對於從事 CSR 可為公司帶來眾多利益，而那些從事不利於社會大眾有害於人類身心之營運活動之公司，是否因而受損，例如：Hong and Kacperczyk（2009）發現從事菸、酒、賭博等行業的股價表現較差，說明罪惡需付出代價。實務上亦復如是。許多居心不良，從事詐欺矇騙、危害社會、污染環境的企業，都付出慘痛代價，例如：安隆（Enron）之財務報表操縱、世界通訊公司（WorldCom）會計弊案、英國石油公司（British Petroleum）油污外漏事件、英國巴克萊銀行（Barclays）與德國德意志銀行（Deutsche Bank）操縱倫敦同業拆款利率（Libor）事件、日月光之排放廢水污然事件、頂新集團的黑心油事件、福斯汽車廢氣排放造假事件、東芝（Toshiba）虛構利潤事件。上述公司都因為惡行導致嚴重惡果，或倒閉、或股價大跌、或產生鉅額虧損、或公司形象難以恢復。這些違反社會責任的行為，都代表著企業忽略了公平，亦即企業為了追求股東財富卻犧牲了其他利益關係人的福利。

　　從而在社會大眾的輿論與監督壓力之下，許多企業被動地因應，亦即其投入資源於 CSR 的活動，是為了挽回社會大眾對於企業的信任，而非出於主動積極與創意的發想。

資料來源：摘錄自商略學報 2016 年，8 卷，2 期，077-086

👤 解說

　　在提到企業社會責任議題時，很多時候都會是以討論到能夠為企業組織帶來多少效益去評估，才判斷是否要投入資源。同意錢要花在刀口上的論述，但也不因初期的效益可能不彰就裹足不前。其實有很多單位辦的活動可以免費參與，例如：主管機關辦的淨山與淨灘活動、環保局贈樹苗活動、公益團體關懷活動、非政府組織（Non－Governmental Organization, NGO）活動，讓公司組織有參與的管道。在內部形成重視企業社會責任的文化，也能漸漸帶來有形與無形的效益。

ⓘ 個案問題討論

1. 從《CSR 能為公司經營策略帶來什麼好處？—來自世界頂級學術期刊之證據》一文，可看出企業社會責任活動可能為企業帶來哪些不同效益？

2. 從《CSR 能為公司經營策略帶來什麼好處？—來自世界頂級學術期刊之證據》一文，思考還有哪些會影響 CSR 活動的導入的可能項目？

前言

　　面對競爭的市場環境，企業組織要永續經營需要面對很多挑戰。尤其在消費者意識抬頭的現今環境，企業組織需要提升給人的印象與形象，才能達成永續的目標。像是企業組織的整體形象，需要的是強化 RBA（Code of Conduct Z － Responsible Business Alliance, RBA）負責任商業聯盟行為準則的符合、CSR（Corporate Social Responsibility, CSR）企業社會責任的公開化、天下雜誌企業評比的達成。站在第三方角度所進行的稽核與評比，是具公信力的正面形象。對於公司組織的持續營運，則需建立一套 BCM（Business Continuity Management, BCM）持續營運管理系統，在面對衝擊時能夠即時採取措施。

　　整體來說，企業組織的永續經營不是只有獲得訂單滿足客戶需求。除了強化企業組織自身的核心能力以外，更要朝著良好企業責任形象而努力。在面對衝擊時是否能夠即時採取措施恢復運作，這樣相關的課題隨著時間的演進，會不斷驅使著企業組織深耕做得更好。

 ## 12-1 RBA 相關內容

　　對於電子業者來說，會受到客戶對於 RBA 責任商業聯盟行為準則 6.0 版（舊稱：EICC）（Code of Conduct － Responsible Business Alliance, RBA Version 6.0）要求。RBA 是於 2004 年由一小群電子公司所成立的，對供應鏈要求了包括社會、環境與倫理問題的標準（圖 12-1）。他們制定了一套共同方法，確保供應商依循同一個標準以提高整個行業的效率。包括美國電子業龍頭 BM、Dell 與 HP 等各大電子品牌以及大型的一級供應商，都遵循商業聯盟行為準則的要求。

圖 12-1 RBA 準則範疇圖

商業聯盟行為準則每三年檢討一次，最新版本為 2016 年 1 月 1 日生效的 6.0 版本。在勞工、健康與安全、環境、道德規範、管理體系範疇項目，制定了要求內容（表 12-1）。

表 12-1 RBA v6.0 準則範疇表

分類代碼	構面項目	要求內容
A	勞工	(1) 自由選擇職業 (2) 青年勞工 (3) 工時 (4) 工資與福利 (5) 人道的待遇 (6) 不歧視 (7) 自由結社
B	健康與安全	(1) 職業安全 (2) 應急準備 (3) 工傷和職業病 (4) 工業衛生 (5) 體力勞動工作 (6) 機器防護 (7) 公共衛生和食宿 (8) 健康與安全資料
C	環境	(1) 環境許可和報告 (2) 預防汙染與節約資源 (3) 有害物質 (4) 固體廢物 (5) 廢氣排放 (6) 物質控制 (7) 水資源管理 (8) 能源消耗和溫室氣體排放
D	道德規範	(1) 誠信經營 (2) 無不正當收益 (3) 資訊公開 (4) 知識產權 (5) 公平交易、廣告和競爭 (6) 身份保護與防止報復 (7) 負責任地採購礦物 (8) 私隱

表 12-1 （續）

分類代碼	構面項目	要求內容
E	管理體系	(1) 公司的承諾 (2) 管理職責與責任 (3) 法律和客戶要求 (4) 風險評估和風險管理 (5) 改進目標 (6) 培訓 (7) 溝通 (8) 員工意見、參與和申訴 (9) 審核與評估 (10) 糾正措施 (11) 文檔和記錄 (12) 供應商的責任

　　RBA 對於會員的要求是每年進行自我評估，一般也會擴展至對其供應鏈夥伴進行要求。包括盡職調查宣告符合商業聯盟行為準則之責任聲明 CoC（Code of Conduct, CoC），以及對來自剛果民主共和國或毗鄰國家之錫、鉭、鎢、金衝突礦物 CMRT 調查（Conflict Minerals Reporting Template, CMRT）。自我評估的目的是確保會員符合 RBA 五大範疇情況，對於違反現有的行為準則，能夠採取行動並制定系統與管理作法。自我評估主要是一個工具，提供會員一個機制，評估自己的風險管理系統和找出差距，以符合盡職調查精神。為有效確保公司組織落實執行 RBA 要求及自我評估的符合，RBA 規劃了 VAP 驗證審計流程（Validated Audit Process, VAP）透過第三方稽核員進行透過現場調查、文件評審及與管理者和員工訪談的過程進行確保（圖 12-2）。

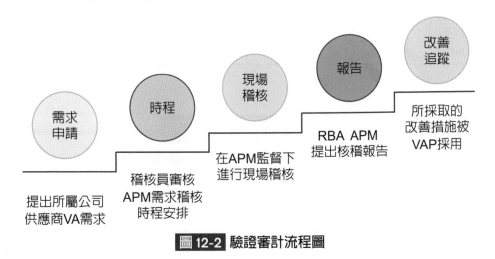

圖 12-2 驗證審計流程圖

在 RBA 符合的實務運作面，公司組織對於商業聯盟行為準則的要求，應制訂相關作業辦法執行。並透過第二者進行年度內部稽核與自評，確認在勞工、健康與安全、環境、道德規範、管理體系範疇項目有哪些缺失，進行改善。在 VAP 驗證審計流程中，是透過符合資格的第三方進行實地稽核，並會依照權重（Weighted）進行評分。缺失分類則包括：(1) Major Nonconformance；(2) Risk Nonconformance；(3) Minor Nonconformance；(4) Not Reviewed；(5) Not Applicable；(6) Conformance，需對於缺失進行改善也會列為持續追蹤項目（表 12-2）。

表 12-2 VAP 驗證審計報告表

	Overall Audit Score				Absolute Conformance Result (Worst Individual finding)			
	82				Priority			
	Weighted	Priorty	Major Nonconfo rmance	Risk Nonconformance	Minor Nonconfcrmance	Not eviewed	Not pplicable	Conformance
Over all	83	X	X	X	X	X	X	X
Labor	73	X	X	X	X	X	X	X
Health &Safety	175	X	X	X	X	X	X	X
Environment	200	X	X	X	X	X	X	X
Ethics	183	X	X	X	X	X	X	X
Management System	183	X	X	X	X	X	X	X

實務小專欄

電子行業行為準則（RBA）在勞工、健康與安全、環境、道德規範、管理體系範疇下，最難達成的都以「工時」為多。在條文規定裡，一周的工作時間包括加班在內，不應超過 60 小時，每周七天應當允許工人至少休息一天。在臺灣員工輪班與加班的情況較多下，這樣未符合情況頗多。106 年主管機關已制定新工時準則，應可有所改善。

12-2 CSR 相關內容

　　有鑑於企業追求營運獲利的同時，也應對於經濟、環境與社會回饋。世界永續發展協會定義出企業社會責任（Corporate Social Responsibility, CSR），規範企業承諾對社會與環境保護盡一份心力。在臺灣方面則有中華民國證券櫃檯買賣中心「上市上櫃公司企業社會責任守則」，鼓勵上市上櫃公司在企業經營的同時，也應重視企業社會責任。

　　在臺灣來說較為大眾所熟悉的則是《天下雜誌》，從 1994 年起將 CSR 評分項目加入於年度「標竿企業」評比中。天下雜誌企業公民獎以公司治理、企業承諾、社會參與、環境保護等指標，評選出臺灣最具未來性的新價值企業（表 12-3）。以企業自我評量調查問卷區分為大型企業（營收超過 100 億）、中堅企業（營收 50 億～ 100 億）與外商企業三組進行評比，調查結果於《天下雜誌》專文報導刊出，部份內容也載於《天下雜誌》英文網站（表 12-3）。

表 12-3 天下雜誌企業公民獎評選表

評選指標	定義
公司治理	主要衡量董事會的獨立性及資訊揭露透明度。
企業承諾	包含對消費者的承諾，對員工的培育照顧，和對創新研發的投入。
社會參與	衡量企業是否長期投入特定社會議題、並發揮積極影響力。
環境保護	調查企業在環保及節能上是具有具體目標與作法。

　　為了使 CSR 調查更具有效度與信度，《天下雜誌》將 CSR 調查分成兩大部分，第一部份 CSR 量化問卷及第二部分質化說明（表 12-4）：

表 12-4 《天下雜誌》CSR 問卷 & 專案報告填寫說明表

CSR 問卷		CSR 問卷—填寫說明
量化數據	公司在各項目上的量化數據，包括相關證明文件。	公司依據實際狀況，針對題目進行項目勾選。若欲補充說明，請在相對應的欄位中括要簡述；若補充資料較豐富，為求版面整齊，請直接嵌入檔案（含佐證文件）。若有必要，天下雜誌會針對公司回覆項目進行求證，確保資料的正確性與時效。
專案報告		**專案報告—填寫說明**
質化陳述	公司對各面向撰寫專案報告，讓評審更瞭解貴公司在該面向所做的努力與成果。	為使評審更瞭解公司對 CSR 所做的努力與成果，請簡述公司年度在 CSR 企業承諾、社會參與及環境保護等面向的政策與作法。每一面向各挑選 1~2 個具有代表性的個案進行說明，並盡可能附上數據佐證。

而對於企業組織來說，要完成 CSR 白皮書，則常以全球永續性報告協會 GRI（Global Reporting Initiative, GRI）所制定的相關準則為依據。永續性報告可以協助企業組織設定目標、衡量績效、管理變革以使其營運更加永續。說明組織對環境、社會和經濟的衝擊，無論是正面或負面的衝擊。 因此，永續性報告讓抽象的議題變得明確具體，有助於瞭解和管理永續發展對於組織活動和策略的影響（表 12-5）。

表 12-5 GRI 考量面對照表

類別	經濟	環境
考量面	• 經濟績效 • 市場形象 • 間接經濟衝擊 • 採購實務	• 原物料 • 能源 • 水 • 生物多樣性 • 排放 • 廢汙水和廢棄物 • 產品及服務 • 法規遵循 • 交通運輸 • 整體情況 • 供應商環境評估 • 環境問題申訴機制

類別	社會			
子類別	勞工實務與尊嚴勞動	人權	社會	產品責任
考量面	• 勞雇關係 • 勞／資關係 • 職業健康與安全 • 訓練與教育 • 員工多元化與平等機會 • 女男同酬 • 供應商勞工實務評估 • 勞工實務問題申訴	• 投資 • 不歧視 • 結社自由與集體協商 • 童工 • 強迫與強制勞動 • 保全實務 • 原住民權利 • 供應商人權評估 • 人權問題申訴機制	• 當地社區 • 反貪腐 • 公共政策 • 反競爭行為 • 法規遵循 • 供應商社會衝擊評估 • 社會衝擊問題申訴機制	• 顧客的健康與安全 • 產品及服務標示 • 行銷溝通 • 顧客隱私 • 法規遵循

為達成永續經營報告書的透明度原則，須遵循的報告原則分為兩類：界定報告內容的原則和界定報告品質的原則。界定報告內容的原則最主要是引導組織界定報告應涵蓋的內容，將組織的活動、衝擊、利害關係人的主要期望和利益因素納入考慮（表 12-6）。

表 12-6 永續經營報告原則對照表

界定報告內容的原則	
利害關係人包容性	組織應釐清自己的利害關係人，並在報告中說明如何回應他們的合理期望與利益。
永續性的脈絡	報告應呈現組織在永續性的脈絡中之績效。
重大性	報告應涵蓋以下考量面： • 反映組織對經濟、環境和社會的顯著衝擊 • 會實質上影響利害關係人的評估和決策
完整性	報告所揭露的重大考量面以及報告邊界的設定，應當足以反映組織的經濟、環境及社會的顯著衝擊，並讓其利害關係人評估組織在報告期間的績效。
界定報告品質的原則	
平衡性	報告應客觀地反映組織的正、反兩方面之績效，讓各界對組織的整體績效做出合理評估。
可比較性	組織對於報告中各議題及資訊的篩選、整理和報告形式應遵循一致的標準。資訊呈現的方式，應讓利害關係人可分析該組織長期績效，並與其他組織進行比較分析。
準確性	報告資訊應充分準確及詳盡表達，以供利害關係人評估報告組織的績效。
時效性	組織應定期進行說明，提供即時資訊，供利害關係人即時作出決策。
清晰性	組織資訊呈現的方式，應當讓使用報告的利害關係人易於理解，並且容易取得。
可靠性	製作報告時使用的資訊及流程，應以可供檢視、並可建立資訊品質及重大性的方式，予以蒐集、記錄、彙整、分析及揭露。

　　從發展趨勢中，可看出企業組織投入 CSR 除了增加企業聲譽，同時會對於財務績效帶來正面影響。揭露 CSR 相關構面的非財務績效衡量與整體的企業品質管理，能強化與利害關係人之連接，提高消費者滿意度與對公司的產品忠誠度。

實務小專欄

企業社會責任（Corporate Social Responsibility, CSR）的重視與呈現，已是直接關係到企業永續經營的重要項目。透過參與社會活動或環境保護，帶來的都是對企業形象的正面助益。很多企業組織會依照公司經營方針、年度策略方向、公司產品特性，結合去推動企業社會責任相關活動。不只有助於提升企業形象，另一方面也是對銷售有所幫助的。

12-3 BCM 相關內容

　　企業組織仰賴產物保險為唯一保障，而實際上，卻是無法有效解決或降低營運上的衝擊。從臺灣限水限電危機、臺灣 921 大地震、美國 911 恐怖攻擊事件、全球金融海嘯等造成營運中斷的危機實例，一再影響公司組織的運作。對於企業組織來說實際需要的是當重大災難發生時，能夠有一套營運持續管理系統 BCM（Business Continuity Management, BCM）維持營運。2007 年英國 BSI BS 25999 是全球首創針對企業持續運作管理系統之建置、運作及檢驗所建立的英國標準，彙集產業與政府的專家所共同開發之標準，協助企業組織面對影響營運的災害，能夠在發生期間保持營運不中斷。而 2012 年，國際標準組織將這套標準轉換成國際標準：ISO 22301：2012。對於營運持續管理上的演進從災害復原、營運持續計劃至營運持續管理（圖 12-3）。

圖 12-3 營運持續管理演進圖

　　當影響營運的災害事件發生時，企業組織能夠進行緊急應變讓業務得以持續。同時採取復原計劃並恢復正常運作，目標則是恢復到災害發生前的正常運作狀態（圖 12-4）。

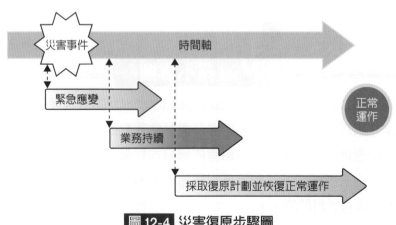

圖 12-4 災害復原步驟圖

　　對於推動營運持續管理系統，跟其他系統相同需要高層主管支持與提供所需資源。在規劃過程時，需對於現況進行掌握與進行資料收集分析。成立營運持續管理推動組織，針對不同的任務定義職責。對於會影響公司組織持續營運的衝擊進行分析，會影響營運的風險進行評估與審查。有效進行風險的控管，可採取：

1. 接受：接受公司組織內可控的風險。
2. 轉移：將公司組織主要的關鍵活動，轉移至其他相關組織下繼續作業。
3. 避免：終止產品、服務或程序。
4. 降低：控制風險與採取必要的措施，用以降低或減少潛在的損失。

　　並決定當影響公司組織的衝擊發生時，要採取的復原計畫。這主要是要考量包括：

1. 最大容忍中斷時間 MTPD（Maximum Tolerable Period of Disruption, MTPD）：在企業商譽考量下，定義企業組織恢復作業最長可接受的時限。
2. 核心進程允許中斷時間 RTO（Recovery Time Objective, RTO）決定核心進程的允許最長中斷時間。

　　進而發展及建立營運持續計劃，包括危急事件管理計劃 IMP（Incident Management Plan, IMP）與營運持續管理計畫 BCP（Business Continuity Plan, BCP），提供對於組織成員進行訓練以及演練，讓人員了解當衝擊發生時自己所扮演的角色與職責，能有效且快速的反應。為讓營運持續管理系統有效落實，依照 PDCA 循環不斷檢討與改進，則是企業組織的必要課題（圖 12-5）。

圖 12-5 營運持續管理執行流程圖

實務小專欄

營運持續管理系統 BCM（Business Continuity Management, BCM）建置的重要目的是當衝擊發生時，了解自己所扮演的角色與職責，並有效且快速的反應。而營運持續管理計畫 BCP（Business Continuity Plan, BCP）就像事先準備好的劇本，當有狀況發生時才能各司其職讓公司早日恢復運作。

在實務運作上，營運持續管理計畫的撰寫與演練著實重要。可依據客戶需求、公司地理位置、營運模式、國際重大災害，進行 BCP 劇本的撰寫。更重要的環節是要落實徹底演練，這樣才能有好的成效。

12-4 章節結論

　　雖說企業組織存在的最終目標就是獲利，然而消費者意識抬頭的現今環境，如何達成永續才是重要的課題。包括商業聯盟行為準則 RBA、企業社會責任 CSR、持續營運管理系統 BCM，讓企業組織能夠在勞工權益照顧、環境保護、企業形象與聲譽、持續營運管理上，具有更透明、積極、永續的正面意義。從原有的滿足客戶訂單需求外，朝向強化企業組織自身的核心能力與良好企業責任形象而努力。尤其在面對瞬息萬變的競爭市場，這樣相關的課題隨著時間的演進，會不斷驅使著企業組織深耕做得更好，才能達到永續的目標，贏得消費者的認同。

會計師看時事 — 營運持續管理，強化應變力

營運持續管理（BCM）是當組織萬一發生事故或災害時，急難狀況下仍能確保持續運作；藉由實施營運持續管理作業及營運持續計畫，將事故、災害或管理缺失發生時，所帶來的衝擊和中斷時間降至最低。

企業可能面臨營運中斷的風險相當複雜且多樣，常見的不良後果包括：市場占有率喪失、營運成本增加、喪失營運及環境控制能力，更嚴重者可能涉及違反法律、法規或標準等，甚至於違反道德責任、信譽，讓形象嚴重受創。

國外科技大廠早已要求臺灣代工廠商應建置 BCM，因此，BCM 已成為臺灣科技產業向客戶證明其風險管理能力，以及維繫客戶關係的最基本要求，進而透過完善的建置增加競爭優勢。

另外，許多在高風險環境下營運的企業，如金融服務業、電信、交通及公共事業，其服務中斷會影響大多數民眾的權益，對於 BCM 應更加重視。面對全球競爭壓力，企業勢必也需以通過 BCM 國際認證來證明其營運持續能力。

惟大多數的組織，包括政府單位及上市櫃的公司多半未能完整建置 BCM，只是零星的由資訊部門負責系統備援及回復計畫，環安衛單位負責災害應變計畫，通常未能全公司整體考量。而所準備的緊急應變計畫，也多僅針對災害發生時，為確保人員生命及公司財產安全的處理措施，很少針對各項業務中斷後，應執行復原業務流程工作項目上進行詳細規畫，或者整體計畫未臻健全；就算有計畫往往也未完整演習應變計畫。

事實上，依照 BCM 的國際標準，除了人員安全及資訊科技的支援外，尚包括：服務水準規畫、危機溝通、供應商及廠商管理等等，而供應商管理是最常被忽略的。

董事會除應與企業經營高層充分討論重大突發事件對公司的影響及因應之道外，另應指派專責單位確保企業在遭遇所有可預期的風險事件時，都已做好萬全準備，並建立所有員工的風險處置能力，建置明確的應變規範及計畫，並持續透過演練加以落實。如此建立組織應變力，使其得以有效應對中斷事件，進而保護公司、股東、客戶、商譽及品牌。

無論電腦當機或罷工，雖然發生機率低，但影響層面大，且多半為意料之外爆發所致，反應時間有限。危機處理是以最迅速確實的方式處理危機，讓組織化險為夷。重點工作包括於危機發生前加以偵測、預防，並展開相關準備、監控、因應及危機處理評估作業，進行危機情境模擬演練等，都是董事會應監督經營團隊強化的危機處理項目，才能確保組織永續經營。

資料來源：摘錄自 2016 年 9 月經濟日報 A16 經營管理版

解說

　　談到企業的永續經營，不外乎是企業組織如何進行營運持續管理。研讀玉山科技協會發表的企業風險專家吳佳翰研討的「營運持續管理」議題，確實是嚴肅又不能不去重視。依照 ISO 22301 建立營運持續管理流程，品質單位就常常會被設為推動單位。因其較具有推動跨部門活動的經驗，以及系統化文件化的觀念，較為適合推動營運持續管理系統。以 BIA 營運衝擊分析做一個明確的風險分析，有助於對於風險影響判斷與決定資源投入順序。有時候決策的 Time（時間點）的重要是看是否具備危機意識，面對衝擊所進行的 Action（措施）才能夠保有企業組織的競爭力。

　　從 BCP 營運持續計畫（Business Continuity Planning, BCP）劇本的撰寫，到實際的演練也是必要的。永遠是說的比做的簡單，也唯有透過實際演練才知是否有問題，需要進一步調整還是改善？同時也讓同仁熟悉，減少當事件發生時大家手忙腳亂的情況發生。而「人」是持續營運的影響關鍵，對於人員的培訓應具備持續營運的觀念與緊急應變的能力，這是重要的課程，將會影響復原的結果。

個案問題討論

1. 從《會計師看時事－營運持續管理 強化應變力》一文，可以了解企業組織要持續營運可有哪些作為？

2. 從《會計師看時事－營運持續管理 強化應變力》一文，思考對於企業組織要持續營運的衝擊包括哪些？

章後習題

一、選擇題

( ) 1. 商業聯盟行為準則範疇項目，不包括下列哪一項？　(A) 健康與安全　(B) 消費者權益　(C) 道德規範　(D) 環境。

( ) 2. 行為準則對剛果民主共和國或毗鄰國家之衝突礦物 CMRT 調查，不包括下列哪一項？　(A) 鑽石　(B) 金　(C) 鎢　(D) 鉭。

( ) 3. 電子行業行為準則驗證審計流程：(1) 需求申請；(2) 時程；(3) 現場稽核；(4) 報告；(5) 改善追蹤，其正確流程步驟為何？　(A) 12345　(B) 21354　(C) 35241　(D) 54321。

( ) 4. 天下雜誌企業公民獎指標項目，不包括下列哪一項？　(A) 企業承諾　(B) 社會參與　(C) 環境保護　(D) 道德要求。

( ) 5. 企業組織 CSR 白皮書，常以什麼樣的準則為依據？　(A) GDP　(B) GMP　(C) GRI　(D) GRE。

( ) 6. 營運持續管理系統 BCM（Business Continuity Management, BCM）現行最新參照標準為何？　(A) ISO 9001　(B) ISO 14001　(C) ISO 13485　(D) ISO 22301。

( ) 7. 營運持續管理演進：(1) Disaster Recovery；(2) Business Continuity Management；(3) Business Continuity Plan，其正確流程步驟為何？　(A) 123　(B) 231　(C) 132　(D) 321。

二、問答題

1. 何謂 RBA？其內容與要求為何？

2. 何謂 VAP 驗證審計流程？其作業要點為何？

3. 何謂 CSR？其內容與要求為何？

4. 天下雜誌企業公民獎評選包括哪些指標？其定義為何？

5. 企業組織來說要完成 CSR 報告一般參照準則為何？其考量面包括哪些？

6. 永續經營報告內容有哪些原則？其作業要點為何？

7. 何謂 BCM？其內容與演進過程為何？

8. 企業組織為有效進行風險控管，可採取哪些做法？

9. 何謂 MTPD 與 RTO？其定義為何？

10. 何謂 IMP 與 BCP？其定義為何？

參考文獻

1. RBA 官網 http://www.responsiblebusiness.org/。

2. 天下雜誌官網 http://www.cw.com.tw/home.action。

3. GRI G4 永續性報告指南。

4. GRI G4 永續性報告指南實施手冊。

5. GRI 官網 https://www.globalreporting.org/Pages/default.aspx。

6. BSI 官網 http://www.bsigroup.com/zh-TW/。

7. ISO 22301:2012 Societal security-Business continuity management systems-Requirements。

8. 楊雅琪，《國內 CSR 報告書 GRI 標準適切性與資訊揭露品質之探討》，靜宜大學碩士論文。

9. 李宜勳，《企業社會責任對消費者品牌認知影響之探討—以宏碁公司為例》，國立臺灣科技大學碩士論文。

A
附錄

A-1　個案影片明細

CH1　品質管理實務導論

♦ 看見鼎泰豐　精簡版

https://www.youtube.com/watch?v=BKDUTUK3AAY

國際知名的鼎泰豐對於產品 & 服務品質的不馬虎,才有今天的成功。不停下腳步的持續改善努力,才不會被淘汰,支持的力量仍是良好的品質管理。

♦ 豐田的故事－全面召回 Total Recall － Toyota Story

https://www.youtube.com/watch?v=Iwg4sTeDewk

一直以來日本產品品質是廣被消費者認同的,日本 TOYOTA 汽車更是被推崇。但由於不斷迅速擴展業務,而犧牲掉品質。

豐田社長也承認:「TOYOTA 錯在擴張的太快,品質無法維持。」這樣的慘痛實例,讓我們不能忽視品質管理的重要性。

CH2　品質觀念建立

♦ 5 Whys Root Cause Analysis Problem Solving Tool

https://www.youtube.com/watch?v=zvkYFZUsBnw

5 Why 方法是簡單有效真因分析工具 ,幫助了解問題並進行解決。列舉分析的實例影片,幫助學員的學習吸收。

♦ 中天【生活百分百】－健峰企業管理－ 2013 國際品管圈大會

https://www.youtube.com/watch?v=0aj － 12w2Slo

品管圈活動帶來的效益,一般可區分為有形 / 無形效益,尤其對於品質觀念的影響更是顯著。透過國際品管圈大會的活動參與,擴大視野也可學習他人優點強化自身能力。

CH3　品質管理與改善活動展開

♦ Kaizen — Continual Improvement

https://www.youtube.com/watch?v=osRArZmxG4Q
將改善做完整介紹，包括字詞含意、起源、作法，讓我們了解改善的意義。

♦ 5 S 活動の事例

https://www.youtube.com/watch?v=68B12NuTXlk
列舉整理、整頓、清掃、清潔、教養 5S 活動的實例，讓我們了解日本人
如何做好 5S，從起源國的分享，更具學習效果。

CH4　管理系統介紹

♦ What Is ISO 9001 ?

https://www.youtube.com/watch?v=FDyIcM — AFzU
將 ISO 國際標準組織及 ISO 9001 進行簡介，有助於對於標準的起源及意義
做初步了解。

♦ Discover the new ISO 9001:2015!

https://www.youtube.com/watch?v=Lp6xP — We5yY
來自 ISO 國際標準組織，對於 ISO 9001:2015 改版的原因說明，因應時代
進步標準也精益求精。

♦ Discover the new ISO 14001:2015!

https://www.youtube.com/watch?v=_hs54V3x1VQ
來自 ISO 國際標準組織，對於 ISO 14001:2015 改版的原因說明，因應時代
進步標準也精益求精。

CH5　品質管理功能

♦ Brennan Industries Quality Department

https://www.youtube.com/watch?v=KrqzJtMzGrU

對於品質管制單位的功能簡介，輔以檢測的影片，可以讓學員了解品質功能單位的作業內容。

CH6　文件管制作業

♦ [Office 365] SharePoint Online，文件集中管理，輕鬆分享

https://www.youtube.com/watch?v=FLgumEGtV4M

將文件進行系統化管理，不只可以有效保存，更可於有需要時分享取用，對於文件管理還是要借重 e 化系統。

♦ ISO Plus 文件管理系統

https://www.youtube.com/watch?v=SfmKxLWjey0

列舉公司常見文件上管理的問題，並將各功能角色會遇到文件使用上各種問題點出，，對於文件管理還是要借重 e 化系統。

CH7　軟體產品品質

♦ 產業聲音：「品質」－生產系統的反饋機制

https://www.youtube.com/watch?v=vJUaBnLiGHg

以生產品質的管理與回饋系統，探討不好的品質將會影響顧客的接受。軟體要測試多少次才能確保品質？這是值得思考議題。

♦ 應用「軟體測試」為品質把關

https://www.youtube.com/watch?v=SH5lwCp － h6Y

以軟體開發流程帶出軟體測試的重要性，但不是隨意測試就能把關軟體品質，依軟體規格書設計 Test Case 與 Test Plan 才是有效的測試方式。

♦ 台開發軟體強　淘寶團購 APP

https://www.youtube.com/watch?v=jf1GBdtLaJ4
台灣軟體能力是不是能夠創造商機，尤其 APP 的大行其道，台灣是否能佔有一席之地，考驗著新創的發展。

CH8　綠色有害物質管理

♦ Questions related to the RoHS Directive

https://www.youtube.com/watch?v=yCXRgocIqQ4
將 RoHS Directive 所涉及管制物質項目及常見問題做說明，也對於 RoHS Directive 有初步認識。

♦ 水銀添加電池後年禁止生產

https://www.youtube.com/watch?v=8cZC － ELqa9M
大陸對於有害物質的管理也越發重視，對於汞電池的禁止生產，也讓要銷往這消費大國的產品，要持續關注與因應。

CH9　拆解回收管理

♦ Greenpeace scores the eco highs and lows of CES

https://www.youtube.com/watch?v=oZ8OWLyaGQ0
Green Peace 為環境保護付出努力，透過影片讓我們驚訝原來科技發展帶來是嚴重環境汙染問題，是人們與品牌商不可忽視與需要更有效管理議題。

♦ 瘋狂更換手機之餘，你是否思考過科技垃圾的禍害？

https://www.youtube.com/watch?v=jm41_k9ca98
大陸貴嶼鎮處理電子垃圾的影片，值得我們思考科技垃圾造成的禍害。產品是否能夠拆解回收，減少污染的產生，是於產品設計時就要納入的要點。

♦ **Introduction to the WEEE Regulations | Comply Direct**

https://www.youtube.com/watch?v=I90ZYg4Ike8
將 WEEE Regulations 所影響產業與產品進行簡介，讓學員對於 WEEE Regulations 有初步認識。

CH10　節能減碳管理

♦ **節能減碳從一做起－砂畫**

https://www.youtube.com/watch?v=jmjUjwZ2taQ
以充滿意境的砂畫呈現節能減碳其實可以從每天做起，讓人印象深刻。

♦ **The Ecodesign Directive and what it means to you**

https://www.youtube.com/watch?v=SzSrp_wHpVQ
透過地球暖化所造成冰山崩塌的新聞，讓我們了解生態化設計 (Eco Design) 的重要性。透過開發人員的研發，提供更節能的產品進而減少因發電所產生的溫室氣體排放，同時也能夠滿足 ErP Directive (歐盟節能 指令) 的要求。選擇科技家電產品時，也可依張貼的節能標章進行選用購買，為環境盡一份力。

CH11　永續經營實務

♦ **Business Continuity Management － The Time Is Now**

https://www.youtube.com/watch?v=3IXEYVxTy4E
影片真實呈現各地不可預期影響企業的衝擊事件，提醒讓持續營運是需要準備與預演的，事件發生是不會等企業組織準備好才發生，現在就得開始準備。

♦ **赫茲：CSR，未來商機的關鍵**

https://www.youtube.com/watch?v=r6hCjHJCu7s
全球化的發展帶來商機，同時考驗企業是否有核心的能力去掌握。尤其消費者意識抬頭，企業社會責任會是未來商機的關鍵。

英中索引

A

B

C

D

E

F

O

P

Q

R

國家圖書館出版品預行編目資料

品質管理：永續經營實務 / 徐肇聰, 吳嘉興編著. --
二版. --

　　新北市；全華圖書, 2020.04
　　　面　；　公分
　　參考書目：面
　　ISBN 978-986-503-373-6(平裝)
　　1.品質管理
494.56　　　　　　　　　　　　　　109004197

品質管理－永續經營實務(第二版)

作者 / 徐肇聰、吳嘉興

發行人 / 陳本源

執行編輯 / 廖庭涵

封面設計 / 戴巧耘

出版者 / 全華圖書股份有限公司

郵政帳號 / 0100836-1 號

印刷者 / 宏懋打字印刷股份有限公司

圖書編號 / 0824201

二版二刷 / 2023 年 04 月

定價 / 新台幣 390 元

ISBN / 978-986-503-373-6

全華圖書 / www.chwa.com.tw

全華網路書店 Open Tech / www.opentech.com.tw

若您對書籍內容、排版印刷有任何問題，歡迎來信指導 book@chwa.com.tw

臺北總公司(北區營業處)
地址：23671 新北市土城區忠義路 21 號
電話：(02) 2262-5666
傳真：(02) 6637-3695、6637-3696

中區營業處
地址：40256 臺中市南區樹義一巷 26 號
電話：(04) 2261-8485
傳真：(04) 3600-9806

南區營業處
地址：80769 高雄市三民區應安街 12 號
電話：(07) 381-1377
傳真：(07) 862-5562

✂ （請由此線剪下）

歡迎加入 全華會員

會員獨享
會員享購書折扣、紅利積點、生日禮金、不定期優惠活動…等。

如何加入會員
掃 QRcode 或填妥讀者回函卡直接傳真 (02) 2262-0900 或寄回，將由專人協助登入會員資料，待收到 E-MAIL 通知後即可成為會員。

如何購買 全華書籍

1. 網路購書
全華網路書店「http://www.opentech.com.tw」，加入會員購書更便利，並享有紅利積點回饋等各式優惠。

2. 實體門市
歡迎至全華門市（新北市土城區忠義路21號）或各大書局選購。

3. 來電訂購
(1) 訂購專線：(02) 2262-5666 轉 321-324
(2) 傳真專線：(02) 6637-3696
(3) 郵局劃撥（帳號：0100836-1 戶名：全華圖書股份有限公司）
※ 購書未滿 990 元者，酌收運費 80 元。

OpenTech.com.tw 全華網路書店

全華網路書店 www.opentech.com.tw
E-mail: service@chwa.com.tw

※ 本會員制如有變更以最新修訂制度為準，造成不便請見諒。

讀者回函卡　掃 QRcode 線上填寫 ▶▶▶

姓名：

生日：西元　　　年　　　月　　　日　　　性別：□男 □女

電話：(　　)　　　　　手機：

e-mail：(必填)

註：數字零，請用 Ø 表示，數字1與英文L請另註明並書寫端正，謝謝。

通訊處：□□□□□

學歷：□高中・職　□專科　□大學　□碩士　□博士

職業：□工程師　□教師　□學生　□軍・公　□其他

學校/公司：　　　　　　　　科系/部門：

· 需求書類：

□A. 電子 □B. 電機 □C. 資訊 □D. 機械 □E. 汽車 □F. 工管 □G. 土木 □H. 化工 □I. 設計

□J. 商管 □K. 日文 □L. 美容 □M. 休閒 □N. 餐飲 □O. 其他

· 本次購買圖書為：　　　　　　　　　書號：

· 您對本書的評價：

封面設計：□非常滿意　□滿意　□尚可　□需改善，請說明

內容表達：□非常滿意　□滿意　□尚可　□需改善，請說明

版面編排：□非常滿意　□滿意　□尚可　□需改善，請說明

印刷品質：□非常滿意　□滿意　□尚可　□需改善，請說明

書籍定價：□非常滿意　□滿意　□尚可　□需改善，請說明

整體評價：請說明

· 您在何處購買本書？

□書局　□網路書店　□書展　□團購　□其他

· 您購買本書的原因？(可複選)

□個人需要　□公司採購　□親友推薦　□老師指定用書　□其他

· 您希望全華以何種方式提供出版訊息及特惠活動？

□電子報　□DM　□廣告 (媒體名稱　　　　　　　　)

· 您是否上過全華網路書店？(www.opentech.com.tw)

□是　□否　您的建議

· 您希望全華出版哪方面書籍？

· 感謝您提供寶貴意見，全華將秉持服務的熱忱，出版更多好書，以饗讀者。

填寫日期：　　/　　/

親愛的讀者：

感謝您對全華圖書的支持與愛護，雖然我們很慎重的處理每一本書，但恐仍有疏漏之處，若您發現本書有任何錯誤，請填寫於勘誤表內寄回，我們將於再版時修正，您的批評與指教是我們進步的原動力，謝謝！

全華圖書　敬上

勘 誤 表

書號			
頁數	行數	書名　錯誤或不當之詞句	作者　建議修改之詞句

我有話要說：(其它之批評與建議，如封面、編排、內容、印刷品質等・・・)